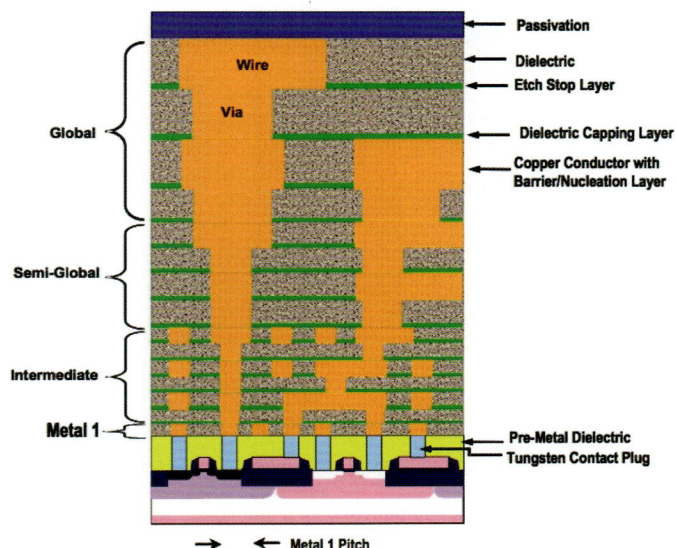

図 1.1　ASIC のチップ断面図
（p.3 参照）

（a）　合否判定像（SDL 像）と光学像の重ね合わせ

図 2.44　動的リンクで絞り込み、配線系の欠陥が検出された例
（p.88 参照）

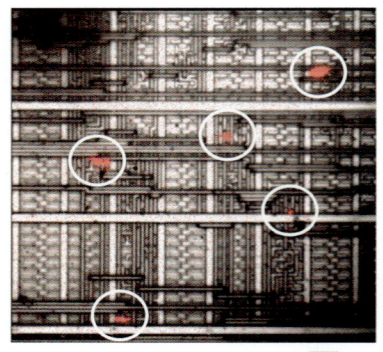

10μm

(b) トランジスタが小さくかつ上層配線で一部が遮られている場合

図 2.48　飽和領域の MOS トランジスタの発光例
（p.92 参照）

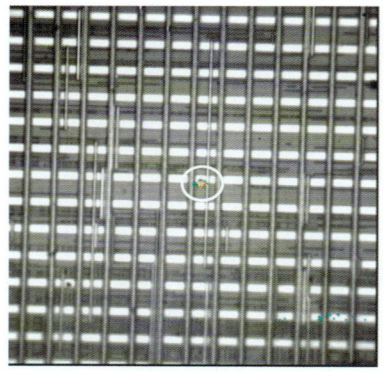

(b) InGaAs 検出器での観測例

図 2.49　熱放射による発光例
（p.93 参照）

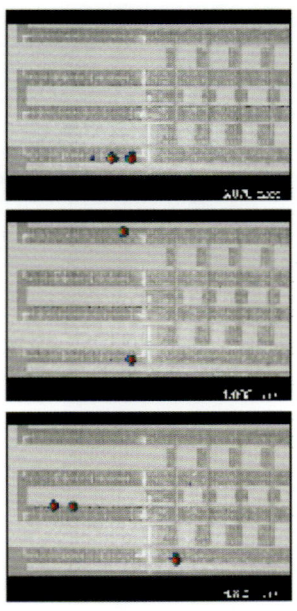

図 2.50 時間分解エミッション顕微鏡の最初の例である PICA の像
(p.94 参照)

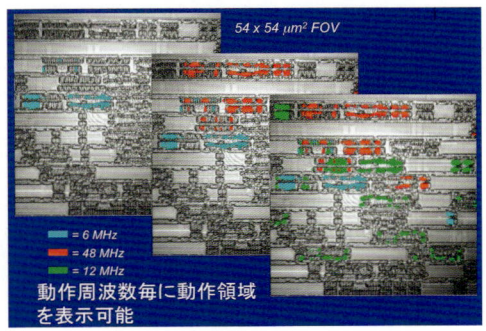

(b) LVI の事例

図 2.59 LVI の仕組みと事例
(p.105 参照)

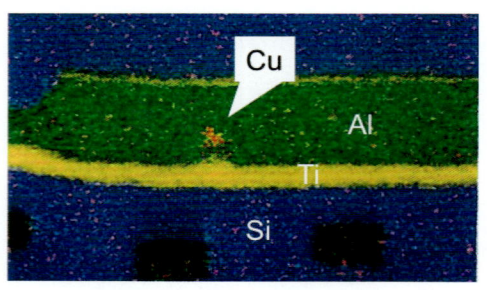

(e) 異物周辺の AES マッピング

図 2.74　AES の仕組みと事例
（p.123 参照）

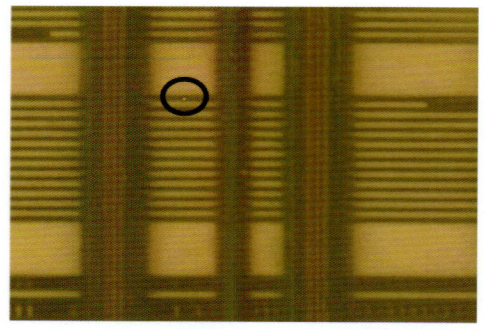

(d) 発光箇所を上から走査レーザ顕微鏡で観察した結果

図 3.3　エミッション顕微鏡で解析した事例：熱放射による発光
（p.131 参照）

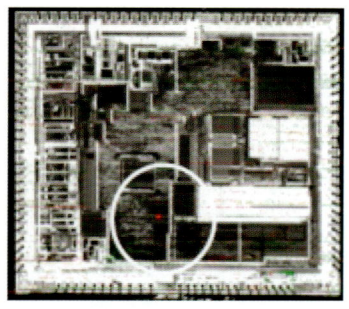

(c) 一例目のチップ全体観測結果：重ね合わせ像

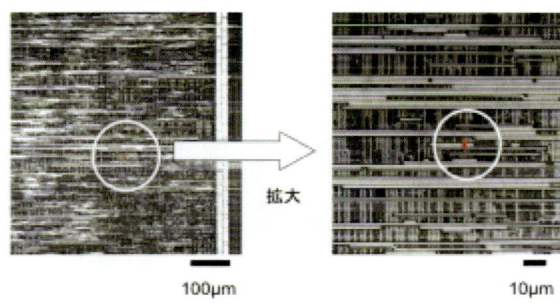

(d) 拡大像

図 3.4　IR-OBIRCH での静的テスタリンク解析事例 1：白いコントラスト
(p.133 参照)

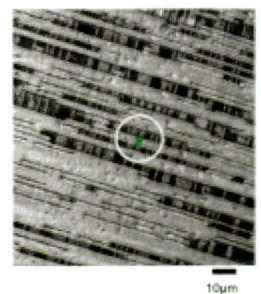 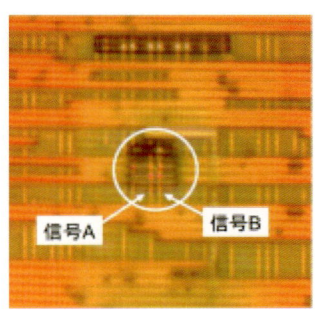

(a) IR-OBIRCH 像と光学像の重ね　　(c) FIB で 3 層目配線を除去した後の
　　合せ像　　　　　　　　　　　　　　　光学像

図 3.5　IR-OBIRCH での静的テスタリンク解析事例 2：黒いコントラスト
(p.135 参照)

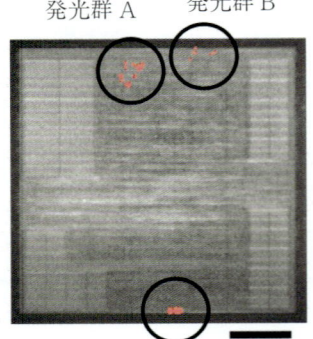

(a) チップ全体の発光像（光学像との重ね合わせ）

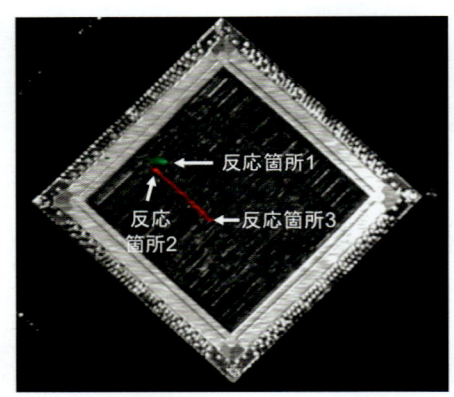

(b) チップ全体の IR-OBIRCHI 像（光学像との重ね合わせ）

図 3.6　IR-OBIRCH とエミッション顕微鏡などで解析した事例：配線間ショート
（p.136 参照）

(d) エミッション顕微鏡での観測結果

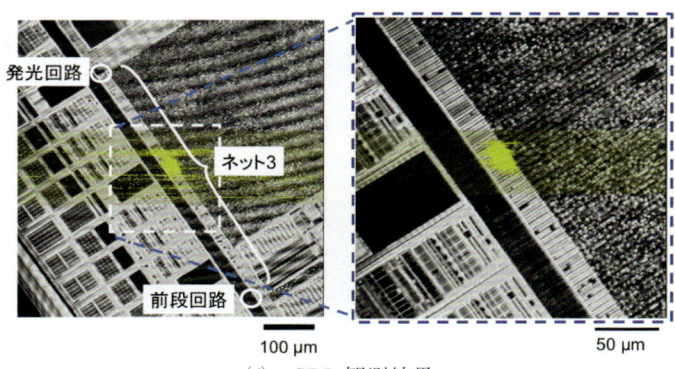

(f) SDL 観測結果

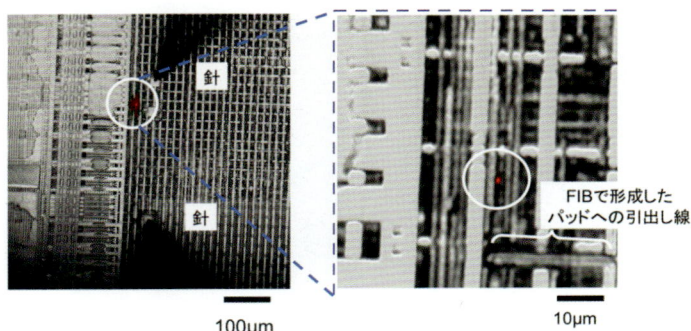

(g) FIB で針立て用パッドを形成し IR-OBIRCH 観測を実施

図 3.7　故障解析手法を総動員した事例
(p.140, 141 参照)

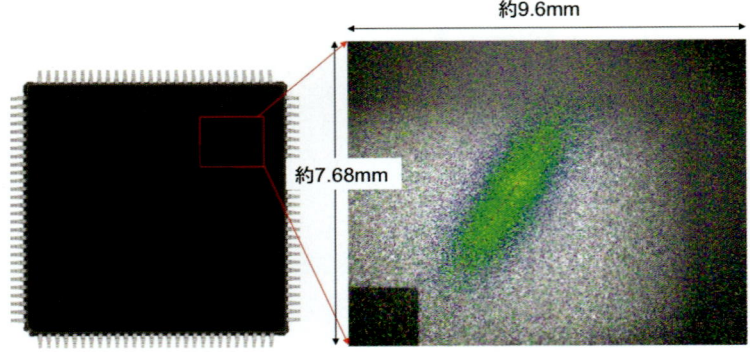

(a) ロックイン利用発熱解析法で検出した発熱像

図 3.15 ロックイン利用発熱解析法で検出した発熱像とその箇所の斜め 3 次元 X 線 CT 像
(p.155 参照)

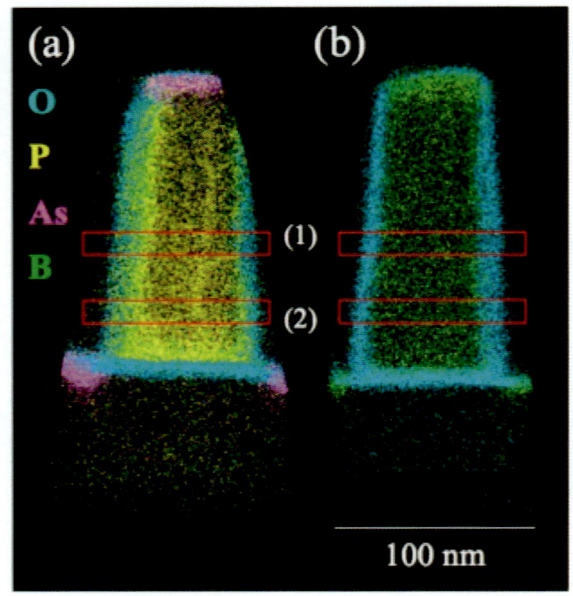

図 4.15 3 次元原子マップの例：(a) nMOS、(b) pMOS
(p.178 参照)

新版
LSI故障解析技術

二川清 著

日科技連

新版発刊に当たって

　旧版の『LSI 故障解析技術のすべて』は多くの読者に読んでいただき、著者としての手応えを感じていました。ところが、出版から3年ほどが経った2010年8月、出版社の事業停止により、増刷が困難になりました。

　幸いなことに、今回、日科技連出版社から改訂を施して『新版 LSI 故障解析技術』として出版することになりました。書名から「すべて」をはずしたのは、内容を削ったのではなく、元々「すべて」を記述したわけではなく、「すべて」シリーズとして出したことによるネーミングだったからです。

　この4年の間に、LSI 故障解析技術も進歩しました。新版では、旧版の骨格は残したまま、4年間の変化に対応した改訂を行いました。改訂のための資料の提供や掲載許可をくださった以下の方々(法人)にお礼申し上げます。LSI テスティング学会、日本信頼性学会、電子情報通信学会、浜松ホトニクスの久米俊浩氏、丸文㈱の清宮直樹氏、DCG システムズの戸田徹氏、茂木忍氏。

　今回、新たに本書の内容にぴったりの表紙などのデザインを描いてくれた友人の画家、鍋田庸男君に感謝します。

　最後に、新版の出版を提案し、ご支援くださった、日科技連出版社の各位、特に、編集をご担当くださった木村修氏にお礼を申し上げます。

2011 年 8 月

二川　清

まえがき

　LSI が産業の米といわれて久しい。現在ではありとあらゆるところに LSI が使われている。大規模なものになると、わずか 1cm 角程度の LSI チップに億単位のトランジスタが作り込まれている。ITRS（国際半導体技術ロードマップ）によると、1 チップ当たりの最大トランジスタ数は 2010 年代に世界総人口数を上回るとの予測である。そのような規模の LSI が不良状態の際や、故障した際に、その原因を究明するのが故障解析である。規模が大きいだけでなく、その構成要素が微細なために LSI の故障解析技術は通常の部品の故障解析技術とは大きく異なるものが多い。

　筆者は 2000 年に工業調査会より『はじめてのデバイス評価技術』と題した本を出した。ここでいうデバイスとは LSI のことであり、評価技術とは信頼性評価技術のことである。信頼性評価技術の中でも故障解析技術と寿命データ解析技術に重点をおいた。その後 7 年が経過し、寿命解析技術に関しては大きな進展はなかったものの、故障解析技術に関しては多くの新しい技術、改良技術が出現した。

　そこで、今回は故障解析技術に的を絞って、この 7 年間の進展を踏まえて大幅に改定することとした。本の表題もそのものずばりの『LSI 故障解析技術』とした。

　LSI の故障解析を実施する際や、故障解析技術を研究開発する際に必要な知識・経験は多岐にわたる。LSI の設計・製造・品質管理・信頼性に関する基本的知識、物理・化学・物性などの基本的知識はもとより、故障解析技術・機器に関する知識・経験も必要となる。本書でこれらをすべて扱うのは紙数の制限から無理である。LSI の設計・製造・品質管理や物理・化学・物性に関する点についてはほとんど触れない。信頼性に関する知識も少し触れる程度にとどめ

る。

　本書の中心は故障解析技術そのものである。現在どのような技術が利用されているか、どのような技術が研究開発されているかに的を絞る。

　この7年の間に新たに出現したか重要性を増してきた故障解析技術には、微細化、マージナル不良、タイミング不良などに対応したものが多い。LSIチップ裏面からの解析の必要性が増してきたことに対応する従来技術の改良もある。さらに、従来それほど必要とされなかったソフトを使った故障診断やナビゲーションの必要性も増してきた。

　本書では、これら最新の技術を解説するとともに、現在広く利用されている従来からの技術も紹介する。

　本書では多くの略語が登場する。初出の際にそのフルスペルや対応日本語訳を併記するが、本書をはじめから順に読む読者は多くないと予想されるので、これらの略語は一括して表にして巻末に載せた。適宜参照されたい。

　本書を書くうえでご協力いただいた多くの方々にこの場を借りて感謝の意を表したいと思います。

　図・写真の掲載を許可くださったエスアイアイ・ナノテクノロジー㈱の足立達哉氏、皆藤孝氏、中谷郁子氏、㈱ルネサステクノロジーの朝山匡一郎氏、小山徹氏、NECの田上政由氏、元NECの岡林秀和氏、内藤電誠工業㈱の阿部恭大氏、清野秀樹氏、NECファブサーブ㈱の米岡譲氏、NECエレクトロニクス㈱の井手隆氏、加藤正次氏、川野連也氏、久住肇氏、小藪國広氏、土屋秀昭氏、船津幸永氏、益森勝博氏、横川慎二氏、和田慎一氏に感謝します。

　工業調査会の大喜康之氏には本書の企画段階からお世話になりました。『はじめてのデバイス評価技術』の故障解析技術部分のみを改訂して単独の本にすることを提案してくださったのも大喜康之氏です。氏の提案がなければこの本は生まれませんでした。ここに記して感謝します。

　最後にいつも陰に陽に応援してくれている妻陽子に感謝します。

2007年8月

二川　清

新版 LSI故障解析技術

目次

新版発刊に当たって　iii
まえがき　v

第1章　LSIの故障とその特徴　1

1.1　故障解析に関連するLSIのトレンド　2
　1.1.1　1チップ当たりの最大トランジスタ数の推移　2
　1.1.2　MPU/ASICでのM1ハーフピッチの推移　4
　1.1.3　最大配線層数の推移　5
　1.1.4　最大I_{DDQ}値の推移　5
　1.1.5　電源電圧の推移　7
　1.1.6　最高周波数の推移　8
　1.1.7　最大パッケージピン数の推移　8
1.2　LSIの故障の特徴　10
1.3　LSIの故障モードと故障メカニズム　12
　1.3.1　主な故障モードと故障メカニズム　12
　1.3.2　代表的な故障原因・メカニズム　14
　　(1)　主な故障原因・メカニズム　14
　　(2)　EM（エレクトロマイグレーション）　17
　　(3)　SM（ストレスマイグレーション）またはSIV（エスアイヴィ）　22

第2章　LSI故障解析技術概論　27

- 2.1 基本の「き」　28
  - 2.1.1 故障解析の定義・役割・必要性　28
    - (1) 故障解析の定義　28
    - (2) 故障解析の役割と目的　29
    - (3) 故障解析の必要性：統計的寿命データ解析との対比から　30
  - 2.1.2 LSI故障解析概要　32
    - (1) LSI故障解析技術を物理的手段面から概観　32
    - (2) 故障解析を日常世界での犯人探しと比較　33
    - (3) 故障被疑箇所絞り込みにおける道標（みちしるべ）　34
    - (4) 走査像の仕組みと各種走査像　37
    - (5) チップ裏面からの観測の必要性と手段　39
- 2.2 故障解析の手順　42
- 2.3 故障解析技術の分類　47
  - 2.3.1 電気的評価法　47
  - 2.3.2 異常シグナル・異常応答利用法　49
  - 2.3.3 組成分析法　52
  - 2.3.4 形態・構造観察法　53
  - 2.3.5 加工法　55
- 2.4 パッケージ部の故障解析　57
  - 2.4.1 X線透視、X線CT（コンピュータ断層撮影）　57
  - 2.4.2 超音波探傷法（走査超音波顕微鏡法）　58
  - 2.4.3 ロックイン利用発熱解析法　58
  - 2.4.4 走査SQUID顕微鏡　60
- 2.5 チップ部の故障解析　62
  - 2.5.1 非破壊絞り込み手法　63
    - (1) IR-OBIRCH　64

(2)　エミッション顕微鏡　88
　　　(3)　EBテスタ　95
　　　(4)　その他　100
　2.5.2　半破壊絞り込み手法　104
　　　(1)　ナノプロービング法　104
　　　(2)　SEMベースの方法　107
　2.5.3　物理化学的解析手法　111
　　　(1)　FIB（集束イオンビーム）　111
　　　(2)　SEM（走査電子顕微鏡）　115
　　　(3)　TEM（透過電子顕微鏡）/STEM（走査型透過電子顕微鏡）　117
　　　(4)　EDX（エネルギー分散型X線分光法）　119
　　　(5)　EELS（電子線エネルギー損失分光法）　121
　　　(6)　AES（オージェ電子分光法）　122

第3章　故障解析事例　125

3.1　DRAMのIR-OBIRCHなどによる解析事例　126
3.2　ロジックLSI（システムLSI）の解析事例　128
　3.2.1　エミッション顕微鏡などでの解析事例1：熱放射以外の発光　128
　3.2.2　エミッション顕微鏡などでの解析事例2：熱放射による発光　130
　3.2.3　IR-OBIRCHでの解析事例1：白いコントラストで配線間ショート検出　131
　3.2.4　IR-OBIRCHでの解析事例2：黒いコントラストで配線間ショート検出　135
　3.2.5　IR-OBIRCHとエミッション顕微鏡での解析事例：配線間ショート　136
　3.2.6　動的加熱法（SDL）も含む絞り込み手法を総動員した解析事例：ビア接続不良　138
3.3　パワーMOS-FETの解析事例　143

3.4　TiSi 配線の解析事例　143
3.5　銅配線の解析事例　148
3.6　パッケージ中ボイドの解析事例　152
3.7　BGA 不具合の 3 次元斜め X 線 CT による解析事例　153
3.8　ロックイン利用発熱解析と X 線 CT の組合せ解析によるリード間デンドライト検出事例　153

第 4 章　新しい故障解析関連手法の開発動向　157

4.1　光を利用した故障解析技術発展の流れと最近の動向　158
　4.1.1　OBIC とその系統　158
　4.1.2　エミッション顕微鏡とその系統　164
　4.1.3　OBIRCH とその系統　165
　4.1.4　無系統　166
　4.1.5　共通基盤技術　167
4.2　OBIRCH 関連手法発展の流れと最近の動向　169
　4.2.1　対象・応用面からみた OBIRCH の系統　171
　4.2.2　技術的改良面からみた OBIRCH の系統　171
　4.2.3　OBIRCH の派生法の系統　172
　4.2.4　微細化対応　172
4.3　その他の故障解析技術関連の開発動向　174
　4.3.1　TEM/STEM 用球面収差補正　174
　4.3.2　3 次元アトムプローブ（3D-AP）　177

参考文献　181
付表　略語一覧　188
索　　引　191
著者紹介　196
装丁＝鍋田庸男

第1章

LSIの故障とその特徴

　この章では、故障解析の対象となるLSIについて故障解析技術者の観点から概観する。
　LSIの技術的動向はITRS（国際半導体技術ロードマップ）を見ることでわかる。ITRSは、米国、日本、欧州、韓国、台湾の世界5地域の専門家によって編集・作成されている。ここでは、まずITRSを元に故障解析に関係するおもなトレンドを概観する。
　その後、LSIの故障の特徴を信頼性技術者の観点から眺める。最後に重要な故障原因と故障メカニズムについて概観する。

1.1 故障解析に関連する LSI のトレンド

　ITRS（国際半導体技術ロードマップ）は 2 年ごとに大改訂を行っている。ここでは、本書執筆時点での、最後の大改訂である 2009 年度版を元にトレンドを概観する。過去 40 年間の大まかな微細化のトレンドは、ムーアの法則（約 24 カ月でチップあたりのコンポーネント数が 2 倍となる）に則っている。ITRS ではより詳細にそのトレンドを解説している。

　故障解析技術は、設計技術や製造技術と異なり、微細化の進展の詳細に大きく左右されるわけではないので、ここでは、ITRS2009 を元に、故障解析に関連した項目に限って大きなトレンドを見ていくにとどめる。

　故障解析技術の開発や実施に際して押さえておくべき項目として、1 チップ当たりのトランジスタ数、M1（第 1 層目配線）のハーフピッチ（配線間隔の目安）、配線の総数、I_{DDQ}（準静止状態での電源電流）の最大値、最低電源電圧、最高周波数、パッケージのピン数の最大値、を取り上げた。

　個々の項目を見る前に、LSI の構造を断面から見ておく。図 1.1 は ITRS2009 から引用した ASIC（特定用途向け IC）の断面図である。配線部が圧倒的に多いことがひと目でわかる。実際、故障解析の現場での解析結果も配線の故障が大半であることを示していた。最近の傾向としては、タングステン・コンタクト・プラグ（Tungsten Contact Plug）での接続不良やトランジスタの特性不良も増えてきている。

　以下では、上述のトレンドを個々にみていく。また、個々のトレンドに対して、故障解析とどのように関係し、どのような技術的対応策がとられているかについても、簡単に触れる。

1.1.1　1 チップ当たりの最大トランジスタ数の推移

　以前は配線の故障が圧倒的に多かったが、最近では、配線とトランジスタのコンタクト部の不良やトランジスタ自体の故障も増えていると述べた。これは、トランジスタの微細化が進んでいるためである。図 1.2 に 1 チップ当たりの最大トランジスタ数の推移予測を示す。2011 年には 30 億個に達し、2017 年には 100 億個を超える。世界の人口が 2011 年現在約 70 億人であり、2075 年

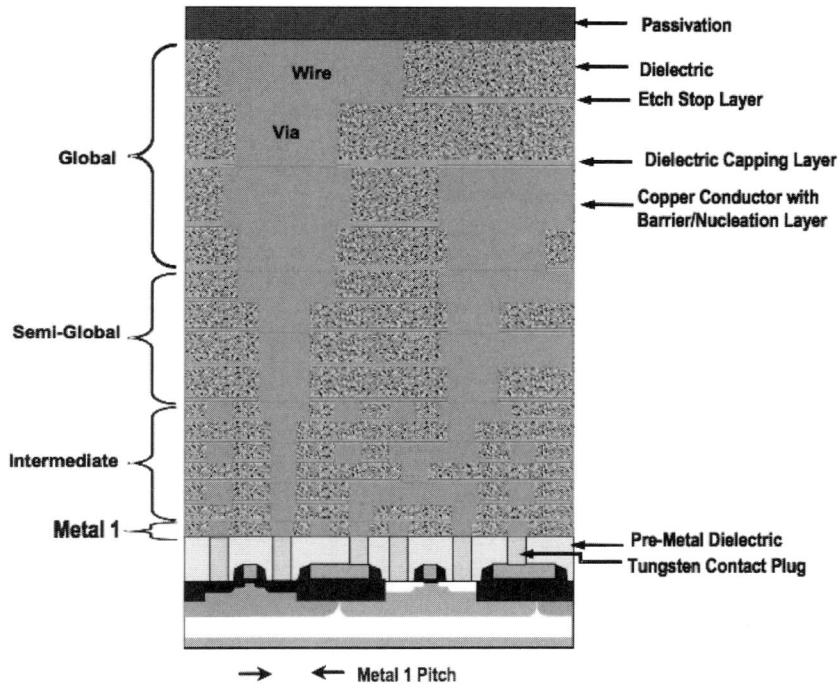

(出典) ITRS 2009 Edition page 14 Interconnect, Figure INTC5 Typical Cross-sections of Hierarchical Scaling (ASIC Device (right))

図 1.1　ASIC のチップ断面図(口絵カラー参照)

のピーク時には約 92 億人と推定されているから、1 チップ当たりのトランジスタ数は 2010 年代に世界人口数を上回ることになる。このような厖大なトランジスタのたった 1 個のたった 1 箇所が不良でも LSI が機能しなくなるわけである。また、そのトランジスタへの接続部の不良でも同様である。故障解析ではこのようにチップ全体の何十億分の一のまた何分の一の欠陥を検出し、解析する必要がある。

このような規模の LSI を故障解析するには従来から用いられている物理現象を利用した故障箇所絞込手法(OBIRCH [Optical Beam Induced Resistance CHange、光ビーム加熱抵抗変動、オバーク] 解析、発光解析、EB [Electron

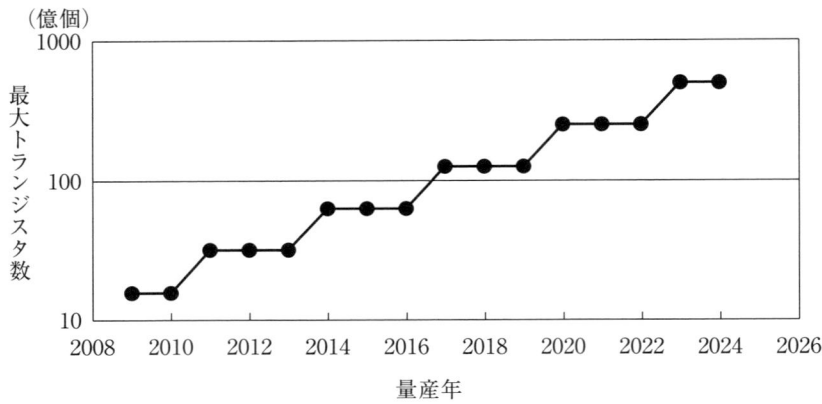

（出典）ITRS 2009 Edition, Table ORTC-2C, MPU（High-volume Microprocessor）Cost-Performance Product Generations and Chip Size Model、の数値を元にグラフ化

図 1.2　1 チップ当りの最大トランジスタ数の推移予測

Beam、電子ビーム〕テスタ解析など）だけでなく、ソフトを利用した故障診断手法を用いることが必要になってきている。また、どのトランジスタのどの部分が異常であるかを電気的に解析するナノプロービング技術も必須の技術になってきている。

1.1.2　MPU/ASIC での M1 ハーフピッチの推移

　図 1.1 の断面図を見てもわかるように、配線金属間の間隔が最も狭い部分はM1（Metal 1、エムワン、第 1 層目配線）間の間隔である。配線幅と配線間隔はほぼ同じ場合が多いことから、**ハーフピッチが双方の目安となる**。配線間ショートであれ、配線の断線であれ、このハーフピッチ程度の欠陥を検出し分析・解析する必要がある。図 1.3 に MPU（Micro Processing Unit、マイクロプロセッサー）と ASIC における、この推移を示す。2011 年時点では 40nm 程度であるが、10 年後には 10nm 程度になる、という予測である。

　このような微細な配線系の解析をするためには、上述の故障箇所絞込技術、故障診断技術、ナノプロービング技術に加えて、電子ビーム注入電流（吸収電流）を利用した技術も必須の技術になってきている。

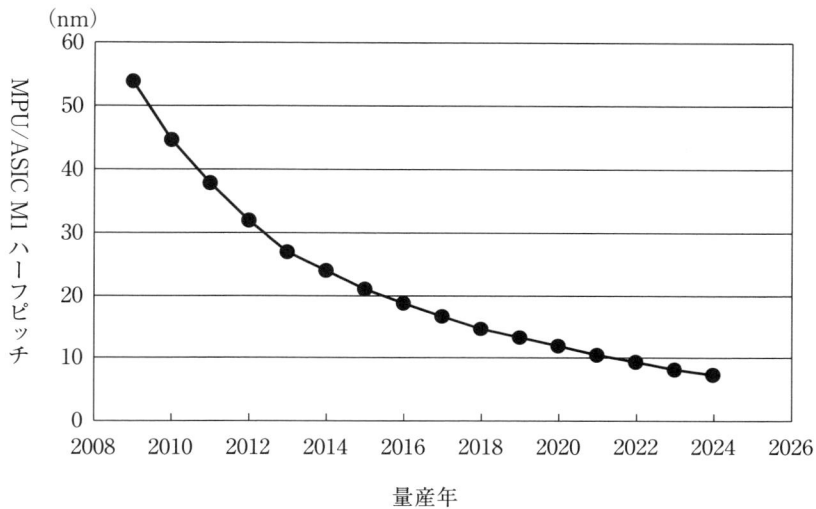

（出典）ITRS 2009 Edition, Table ORTC-1 ITRS Technology Trends Targets、の数値を元にグラフ化

図 1.3　MPU/ASIC における M1 のハーフピッチの推移予測

1.1.3　最大配線層数の推移

　図 1.1 の断面は 8 層配線の場合であるが、図 1.4 に示すように 2011 年時点では**配線の最大層数**はすでに 12 層になっている。ただ、その後の伸びはそれほどではなく、10 年後でも 15 層である。このように立体的な構造のどこに欠陥があるかを検出し解析する必要がある。

　このような立体的な配線構造の故障解析を行うのは、チップの表（おもて）面側からの解析だけでは極めて困難なため、**チップ裏面側からの解析**も必須である。また、チップ両面側から解析しても、物理現象を利用した解析だけでは困難をともなう場合が増し、ソフトを用いた故障診断の必要性が増してきている。

1.1.4　最大 I_{DDQ} 値の推移

　ある特定のテストパターンを LSI の入力信号に与えたときの電源電流（I_{DDQ}）が異常に増加する現象を解析することで、そのチップが不良チップであることがわかるだけでなく、チップ内のどこに不良の原因となる欠陥が存在するかを

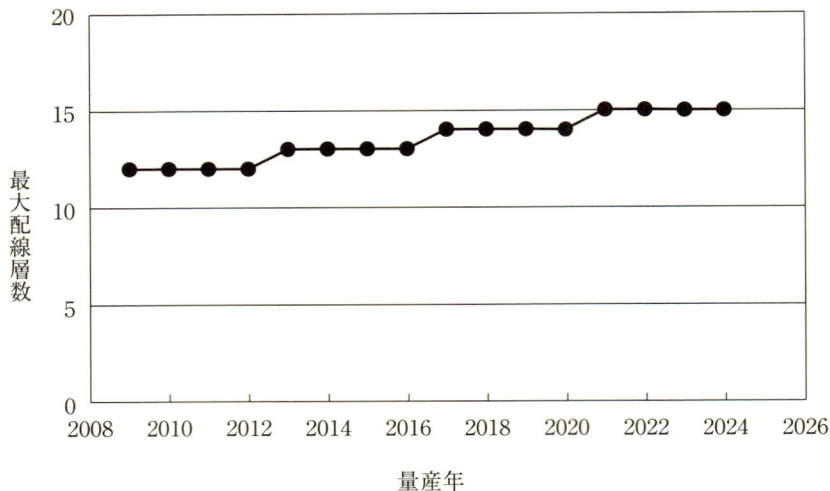

（出典）ITRS 2009 Edition, Table ORTC-4, Performance and Packaged Chips Trends、の数値を元にグラフ化

図1.4　最大配線層数の推移予測

絞り込むことができる。ただ、正常なチップのI_{DDQ}値が大きいとこのような解析は困難になる。

　図1.5にI_{DDQ}値のトレンドを示す(2009年版ではトレンドが示されていないため、2004年版のままで示す)。I_{DDQ}値が年とともに増加するのは、微細化により、トランジスタあたりのリーク電流が増大することと、チップ内のトランジスタ数が増加することによる。

　図1.5に示すように2007年時点ではI_{DDQ}値はすでに1Aに達しており、2012年頃には10Aを越す。

　I_{DDQ}値が大きくなるとI_{DDQ}値により異常なチップを見分けるのが困難になるだけでなく、I_{DDQ}電流経路を可視化して故障箇所を絞り込むOBIRCH解析がS/N(信号対ノイズ比)の面で困難性を増す。この対策としてロックインアンプを利用してS/Nを向上する方法がとられている。**ロックインアンプ**をいろいろな場面で利用することが増えたのも、この7年の大きな進展の1つである(その後の4年でさらに利用場面が増えている)。

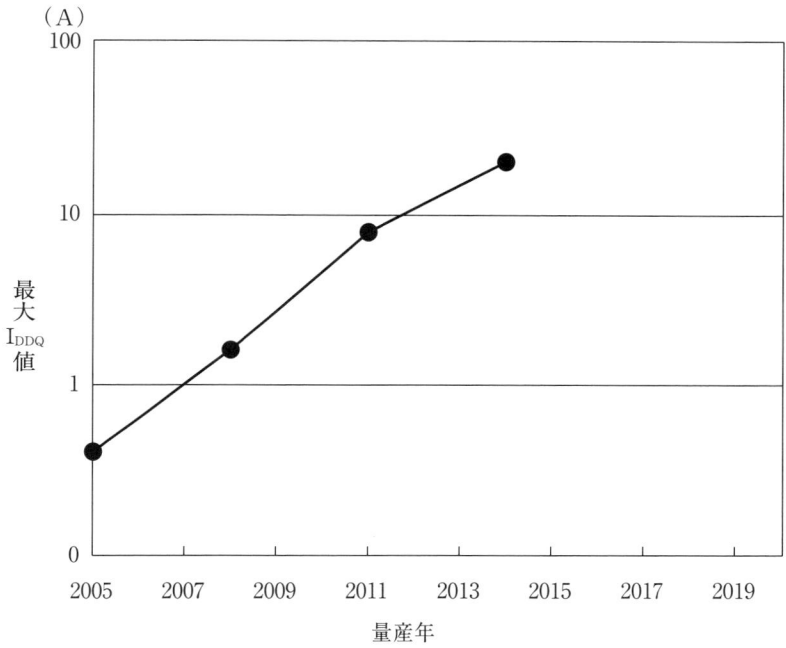

（出典）ITRS 2004 Edition, Test and Test Equipment page31, Table 35、の数値を元にグラフ化

図 1.5　最大 I_{DDQ} 値の推移予測

1.1.5　電源電圧の推移

　図 1.6 に**電源電圧**（最高性能）の推移を示す。2011 年ですでに 1V を切っており、10 年後には 0.6V 程度になる。電源電圧が低下することが故障解析に及ぼす影響は、発光の波長が長い方にシフトする点である。元々、チップ裏面からチップ表面付近のトランジスタや配線部での発光を検出するためには 1 ミクロンより長い波長を検出する必要があったが、電源電圧の低下により、より長い波長での光検出が必要となってきている。

　その対策として、1 ミクロン以上の波長の光に感度のよい**インジウム・ガリウム・ヒ素(InGaAs)検出器**が用いられるようになってきている。

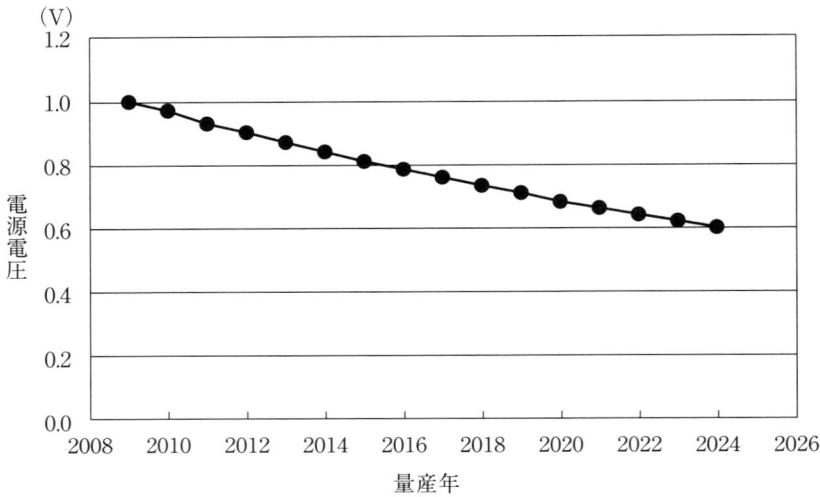

(出典) ITRS 2009 Edition, Table ORTC-6, Power Supply and Power Dissipation、の数値を元にグラフ化

図1.6　電源電圧（最高性能）の推移予測

1.1.6　最高周波数の推移

図1.7に**最高クロック周波数**の推移を示す。故障解析で**動的な観測**を行う技術として、従来はEBテスタ（電子ビームテスタ）が主流であったが、EBテスタではチップ裏面からの解析が困難なため、現在では、チップ裏面から発光を動的に観測するか、チップ裏面からレーザビームを照射しp-n接合付近での電位変化などを反射率などの変化として観測する方法（LVP/LVI：Laser Voltage Probing/Imaging）が利用されている。

1.1.7　最大パッケージピン数の推移

図1.8に**最大パッケージピン数**の推移予測を示す。現在ではパッケージ形態も多様化しており、MCP（マルチチップパッケージ）やSiP（システムインパッケージ）といった多数チップを1つのパッケージに搭載する場合も増えているが、ここでは簡単のために1チップをパッケージする場合のピン数の推移を示してある。低コスト版でも2011年ではすでに3,000ピンを越しており、最高

第 1 章　LSI の故障とその特徴

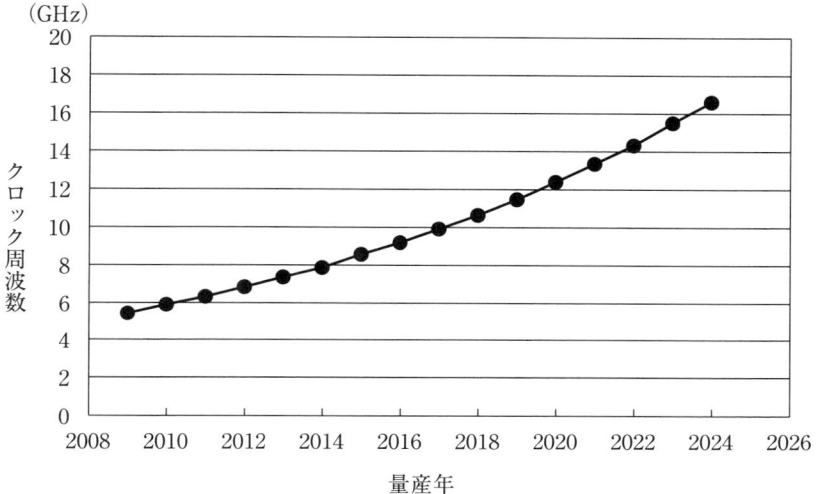

（出典）ITRS 2009 Edition, Table ORTC-4, Performance and Packaged Chips Trends, on chip local clock frequency、の数値を元にグラフ化

図 1.7　クロック周波数の推移予測

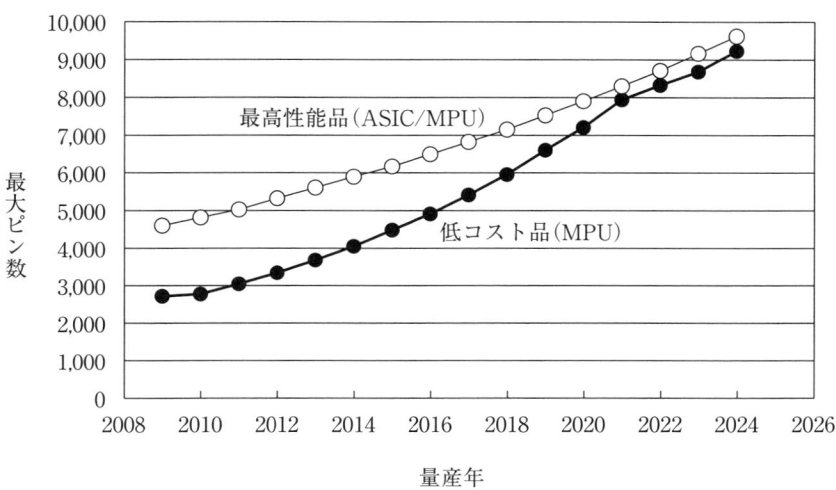

（出典）ITRS 2009 Edition, Table ORTC-4, Performance and Packaged Chips Trends, Number of Total Package Pins—Maximum、の数値を元にグラフ化

図 1.8　パッケージピン数（最大値）の推移予測

性能品では5,000ピン程度である。10年後にはともに8,000ピン程度にまで増加する。

このようなパッケージのピン数の増加は故障解析の際のハンドリングの煩雑さ、再現の困難性に大きく影響している。また、パッケージ部の不良の解析の困難性も増してきている。

1.2 LSIの故障の特徴

この節では、LSIの故障現象は他の部品や装置やシステムと比べてどのような特徴をもっているかを見る。

まず、部品、装置、システムに共通な特徴を見る。LSIやその他の部品、装置、システムの故障率が時間とともにどのように変化するかを図1.9に示す。このカーブはその形状が浴槽の断面に似ていることから、**バスタブ曲線**と呼ばれる。使用開始初期は故障率が大きく、徐々に小さくなり、その後ほぼ一定の期間が続く。最後の期間は故障率が上昇しはじめる。それぞれの期間を、初期故障期、偶発故障期、摩耗故障期と呼ぶ。また、ある故障率(λ_0：通常は1～1000FIT[10^{-9}/時間])より小さな期間を耐用寿命期間と呼ぶ。通常はこの耐用寿命期間が使用期間である。

初期故障期が使用期間に含まれないようにするために**スクリーニング**を行う。LSIの場合はスクリーニングの手段としては高温バイアス印加試験や温度サイクル試験が用いられる。摩耗期間が使用期間中に始まらないようにするには、適切な**信頼性設計**が行われる必要がある。LSIの場合、摩耗期に対する信頼性設計の代表的なものには**エレクトロマイグレーション(EM)故障**に着目した設計がある。配線の構造や寸法だけでなく、配線に流れる電流の電流密度やデューティー比、温度、などを規定する。

LSIはSOC(System On Chip)と呼ばれるようにその複雑さの面からはシステムと見ていいものが多いが、通常の大規模なシステムとは異なり、特殊な場合を除けば修理などの保全は行わない。また、通常の複雑なシステムとは異なり冗長系をもたない。冗長系をもたない系は直列系という。図1.10に**直列系**(a)と冗長系の代表的な系である**並列系**(並列冗長系) (b)を**信頼性ブロック図**で示す。簡単のために構成要素が2つの場合を示す。図1.10(a)に示す直列系

第1章 LSIの故障とその特徴

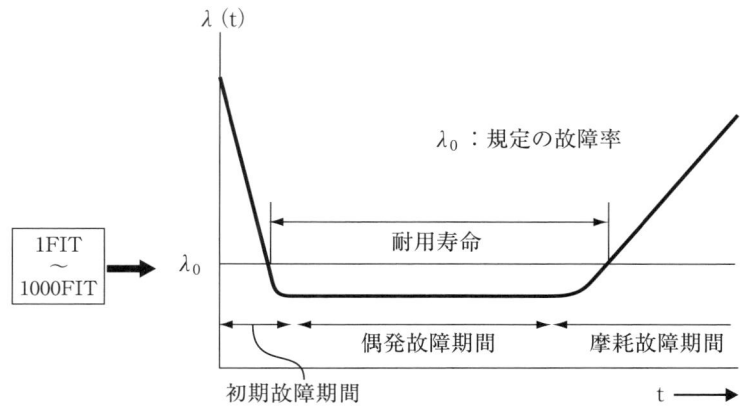

図1.9　故障率の時間変化：バスタブカーブ

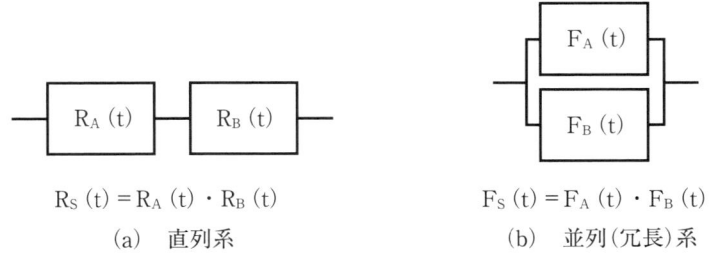

図1.10　直列系と並列系の信頼性ブロック図

では構成要素が1つでも故障すると系全体が故障する。このため、系全体の信頼度(R、故障しない確率)は構成要素の信頼度の積になる。一方、図1.10(b)に示す並列系では系の構成要素がすべて故障した時にはじめて系全体が故障する。このため、系全体の不信頼度(F、故障する確率)は個々の構成要素の不信頼度の積となる。

　LSIは信頼性の面から見ると、全体の構成としては直列系であるが、配線系の一部にはビアを余分に設けるなど、冗長系を用いているところもある。また、歩留まり向上の目的では冗長系が多く用いられている。

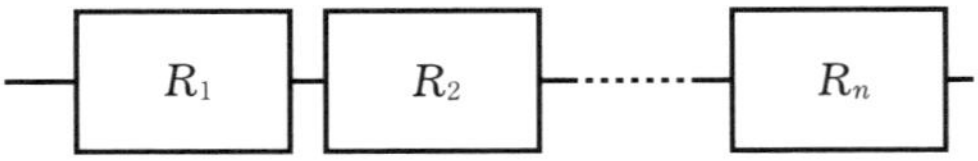

```
―□―□― ⋯⋯ ―□―
  R₁  R₂       Rₙ
```
(diagram of series system with blocks $R_1, R_2, \ldots, R_n$)

信頼度は

$$R_S = \prod_{i=1}^{n} R_i = R_1 R_2 \cdots R_n$$

$R = \exp\left(-\int_0^\tau \lambda(t)\,dt\right)$ より、

故障率は

$$\lambda_S = \sum_{i=1}^{n} \lambda_i = \lambda_1 + \lambda_2 = \cdots \lambda_n$$

図 1.11　直列な系の信頼度と故障率

　LSI の信頼性は**故障率**や**パーセント点**($t_{0.1}$(0.1% 点：0.1% 故障するまでの時間)など)で表わすことが多い。ここでは故障率を用いることで、全体と部分の信頼性の関係が明確に見えることを示す。n 個の直列な系の信頼度と故障率の関係を図 1.11 に示す。系全体の信頼度は前述の通り個々の構成要素の信頼度の積で表わせる。信頼度の具体的な表式が故障率の積分の指数で表わせるため、系全体の故障率は構成要素の故障率の和で表わせる。この関係は重要で、**信頼性設計**の際、ボトルネックになる部分(例えば配線)があればその部分の故障率で LSI チップ全体の故障率がほぼ規定されることが容易に理解できる。

1.3　LSI の故障モードと故障メカニズム

1.3.1　主な故障モードと故障メカニズム

　本論に入る前に、**不良**と**故障**の違いについて述べておく。図 1.12 に**不良と故障の違い**を示した。まず、用語の定義である。製造完了前に機能を満たさなくなっているものは不良品といい、その現象を不良という。製造完了時には良品であったものが、あるとき不良になる現象を故障という。故障したものは故障品とも不良品ともいえる。

　次にその原因であるが、不良の原因となるものの大半は故障の原因となる。例えば、パーティクルや目合わせずれで不良にはなっていないが不良になりか

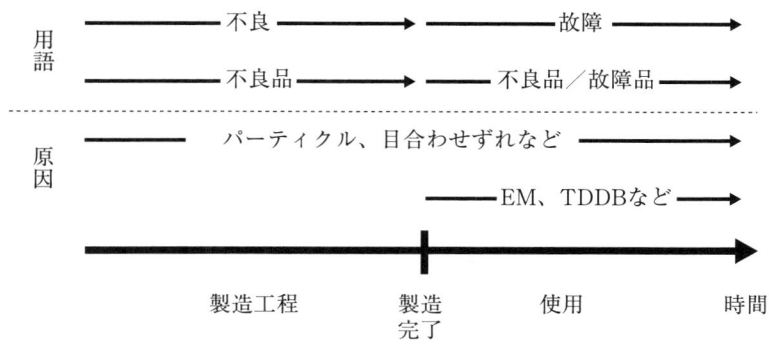

図 1.12　不良と故障

かったもの(断線しかかりなど)は使用中に故障しやすくなる。一方、製造工程中の不良の原因にはならないが故障の原因になるものがある。これらの原因は「故障メカニズム」と呼ばれている。正確には故障のメカニズムの内で最も重要な物理現象を指す。EM(エレクトロマイグレーション)やTDDB(経時絶縁破壊)がその代表的なものである。本書では煩雑さを避けるため故障という言葉で不良も含めて表わす場合が多い。

　LSIの**故障モード**(この場合も不良モードを含めている)はチップ内でのモードとチップ外から見たモードが必ずしも一致しない。図1.13に示すように、チップ内部で起きたオープン、高抵抗、ショート、リークを外部から見たときには、オープン、高抵抗、ショート、リーク、以外に機能(ファンクション)不良やIDDQ不良や遅延不良として見える。また、チップ内部では故障として認識されない、各種ばらつき(抵抗値、トランジスタ特性などのばらつき)やクロストークがチップ外から見ると機能不良や遅延不良に見える場合もある。故障解析を行う場合、最初はチップ外部から観測するが、徐々にチップ内部で観測を行い、故障箇所を絞り込んで行く。このため、視点によって故障モードが変わることを認識していることは重要である。

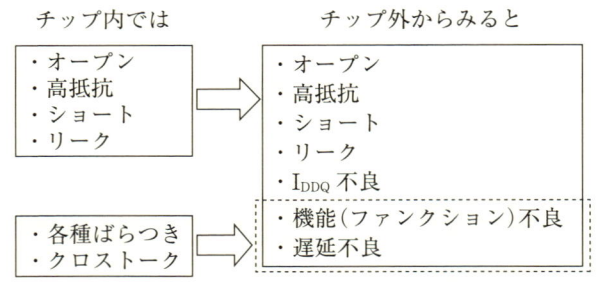

図 1.13　故障モードの視点による違い

1.3.2　代表的な故障原因・メカニズム
(1)　主な故障原因・メカニズム

　表 1.1 に**チップ部の不良や故障の原因**を関連工程ごとに分けて示す。Si 基板やゲート絶縁膜に関連した故障原因には結晶欠陥や TDDB などがある。配線に関連した故障原因にはエレクトロマイグレーションやストレスマイグレーションなどがある。パシベーション膜に関連した故障原因にはクラックや汚染などがある。各工程に共通な故障原因としてはパーティクルや目合わせずれがある。これらの内、製造工程不良の原因にはならず故障の原因にのみ関係するメカニズムについては後で再度言及する。

　表 1.2 に**パッケージ部の不良・故障原因**を関連工程ごとに分けて示す。ダイボンディングに関連した原因にはチップクラックやチップ剥がれがある。ワイヤボンディングに関連した原因には疲労による断線やパープルプレーグと呼ばれる金とアルミの合金化などがある。パッケージに関連した原因はクラックや電気化学的マイグレーションなどがある。実装に関連した原因にははんだ付け不良や「ポップコーン現象」とよばれる面実装時の急激な水分の蒸発にともないクラックや剥離を起こす現象などがある。

　表 1.3 には製造工程中の不良の原因にはならないが使用中に故障の原因となる物理現象の主なものを示す。一部は、例外的にではあるが、不良の原因にもなる。また、故障が配線部、トランジスタ部、パッケージ部のどこで起きるかも示した。

第 1 章　LSI の故障とその特徴

表 1.1　チップ部の不良・故障原因

関連工程	不良・故障原因
Si 基板、ゲート絶縁膜関連	結晶欠陥
	PN 接合の劣化
	クラック
	TDDB
	イオンドリフト
	ホットキャリア注入
	NBTI
配線部関連	エレクトロマイグレーション
	ストレスマイグレーション
	腐食
	溶断
	アロイスパイク
	応力によるズレ
	傷
	断部での断線
	層間絶縁膜のリーク
	TDDB
パシベーション関連	クラック
	汚染
	吸湿
	表面チャージ層の形成
共通のもの	パーティクル
	マスクの目合わせズレ
	静電破壊
	過電圧破壊

表 1.2　パッケージ部の不良・故障原因

関連工程	不良・故障原因
ダイボンディング	チップクラック
	チップ剥がれ
ワイヤボンディング	疲労による断線
	金とアルミの合金化：パープルプレーグなど
	位置ずれ
パッケージ関連	クラック
	電気化学的マイグレーション
	表面汚染
	異物付着
	機密封止不良
	導電性浮遊異物
実装関連	はんだ付け不良
	ポップコーン現象

15

表1.3 主な故障メカニズム（キーとなる物理現象）

故障メカニズム	故障箇所		
	配線部	トランジスタ部	パッケージ部
EM（Electromigration、エレクトロマイグレーション）	○		
SM（Stress-migration、ストレスマイグレーション） （SIV（Stress Induced Voiding）ともいう）	○		
可動イオン（Na^+）		○	
TDDB（Time Dependent Dielectric Breakdown）	○	○	
ホットキャリア		○	
NBTI（Negative Bias Temperature Instability）		○	
PBTI（Positive Bias Temperature Instability）		○	
EOS/ESD （Electrical Overstress/Electrostatic Discharge）	○	○	○
α粒子や中性子でのソフトエラー（ハードエラー）		○	
ポップコーン現象			○

EM（Electromigration、エレクトロマイグレーション） は配線部に起きる最も代表的な故障メカニズムで、IC（Integrated Circuit、集積回路）が誕生した1960年代から現在に至るまで重要課題であり続けている。EMについては、後で概要を紹介する。

SM（Stress-migration、ストレスマイグレーション） は微細化にともない、アルミの配線幅が2μmを切った1980年代半ばから注目され出したメカニズムである。最近は幅の広い銅配線が関係したモードが問題となっている。SMについては、後で簡単に紹介する。

可動イオン（Na^+）に起因するMOSトランジスタの不安定性は1960年代から問題となっていたが、現在は十分な対策がなされている。

TDDB（Time Dependent Dielectric Breakdown、経時絶縁破壊） は通常の絶縁破壊と異なり、すぐには破壊に至らない低い電圧をかけておいても時間が経過すると絶縁破壊を起こす現象である。当初はゲート絶縁膜のTDDBが問題となっていたが、最近では配線系の絶縁部のTDDBが問題となっている。ホットキャリアによるトランジスタの劣化は微細化とともに出てきた問題である。

NBTI（Negative Bias Temperature Instability） はp型のMOSトランジスタで

古くから問題になっていたが、最近になって新たに注目されてきた現象である。

PBTI(Positive Bias Temperature Instability)は高誘電率ゲート絶縁膜を用いるn型のMOSトランジスタで最近になって注目されてきた現象である。

EOS/ESD(Electrical Overstress/Electrostatic Discharge、過電圧・過電流ストレス／静電気放電)は使用方法と関係する古くて新しい問題である。製造工程中でも問題となる。**ソフトエラー**は通常の故障と異なり、故障してもすぐに回復するもので、α粒子や中性子がもたらすチャージが原因である。場合によってハードな故障も引き起こす。

ポップコーン現象は面実装デバイスの実装時に水分を含んだパッケージが高温にさらされた際にクラックや剥離を起こす現象である。

(2) EM(エレクトロマイグレーション)

EMは配線に電流を流した際に、配線中の原子が配線内を移動する現象である。その基本的メカニズムを図1.14に示す。図1.14の上側が実空間、下側がポテンシャル空間での金属の原子レベル寸法での模式図である。実空間では金属原子の最外殻電子は自由電子となっているので、原子は正の電荷を帯びている。ところどころに、原子空孔などの欠陥が存在する。実空間の図の一断面に相当する箇所のポテンシャル空間が図1.14の下側の図である。規則正しいポテンシャルの山と谷が存在し、原子はその谷付近で熱振動している。

このような状態の金属に外部から電界がかかると電子の流れが生じる。定義により電流は逆向きである。このとき、金属原子に働く力は電界から直接受けるクーロン力(F_c)と電子が金属原子に衝突することによる力(F_e)である。通常はF_eの方が圧倒的に大きいため、以下の説明ではF_cは省略する。F_eが働くことにより原子空孔の左隣の原子は原子空孔の箇所に移動する確率が増える。その確率は絶対温度と活性化エネルギーに依存する。

このような移動が次々に起き、移動が不均一なため金属原子が過剰な箇所と不足した箇所ができる。その様子をSEM(Scanning Electron Microscope、走査電子顕微鏡)像で見たのが、図1.15である。過剰な箇所はヒロック(hillock、丘、図中hと表示)、不足した箇所はボイド(void、穴、図中vと表示)になる。

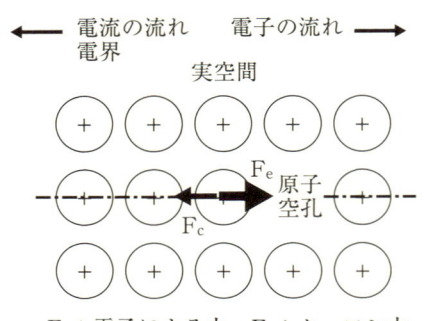

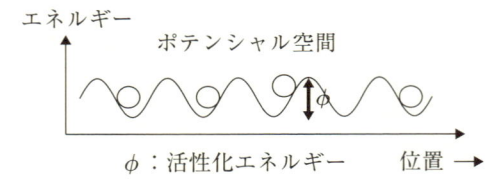

図1.14　エレクトロマイグレーションの基本的メカニズム

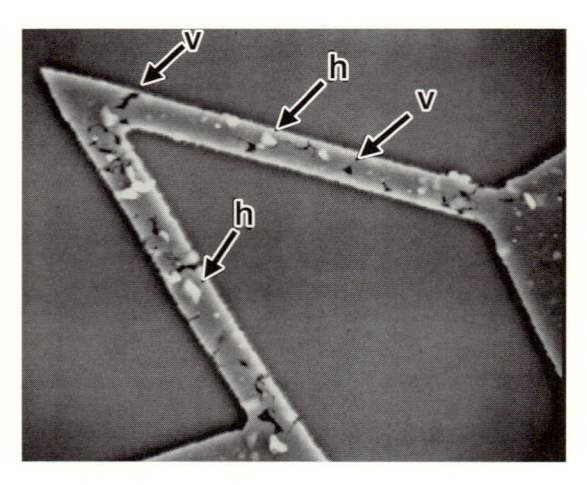

図1.15　エレクトロマイグレーションにより発生したボイドとヒロック

図 1.16 はボイドが多数でき、断線しかかった様子を断面で見たものである。**FIB**（Focused Ion Beam、**集束イオンビーム**）で断面出しを行い、**SIM**（Scanning Ion Microscope、**走査イオン顕微鏡**）像で観察した（SIM は FIB 装置がもつ機能の１つである）。多くのボイドとともに一箇所断線しかかった箇所がわかる。

ヒロックよりさらに劇的に**ウィスカ**（猫ひげ状の結晶）状に Al が飛び出した様子を SEM で観察した結果を図 1.17 に示す。2 のように渦を巻く形態は非常にめずらしい。通常は 1 のように途中で折れ曲がるか 3 のように真っ直ぐに伸びる形態である。3 は 1 や 2 に比べ太いため SEM 像では暗くてよく見えないが、この写真の範囲の何倍も上に伸びている。ウィスカが近隣の配線に接するとリークやショートを引き起こす。以上は Al 配線での例であったが、図 1.18 には銅配線での EM の結果発生したボイドの例を示す。ビア下にボイドが発生した結果抵抗増大を引き起こしたものである。通電中に電子が流れていた向きも示してある。

EM に起因する故障の寿命分布は**対数正規分布**に従うことが知られている。対数正規分布のパラメータはメディアン寿命（t_{50}、平均ではないので注意が必要）と形状パラメータ（σ、標準偏差ではないので注意が必要）である。EM に起因する故障モードとして、断線・抵抗増大とショート・リークがあることを上では述べたが、実際にはショート・リークはほとんど見られず、断線・抵抗

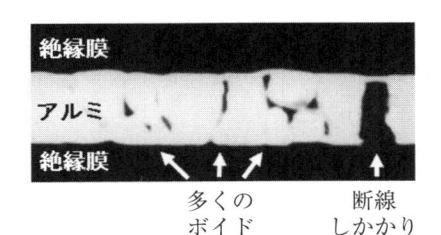

図 1.16 エレクトロマイグレーションにより断線しかかった Al 配線の断面

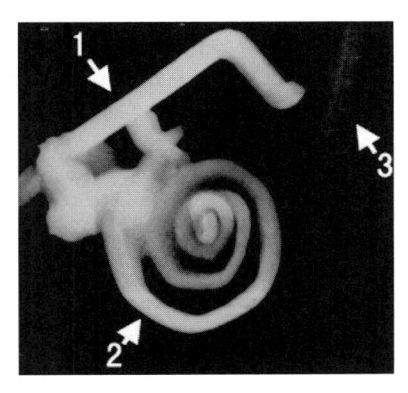

図 1.17 エレクトロマイグレーションにより発生したウィスカ

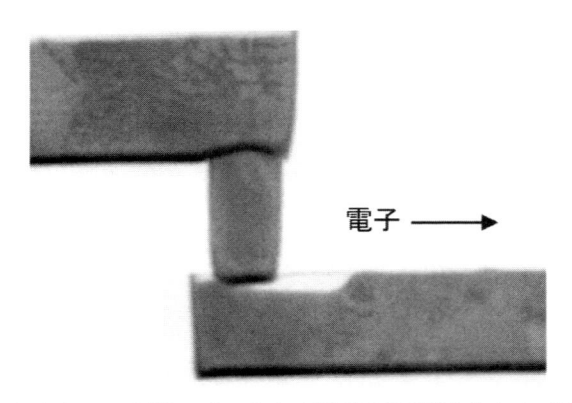

図1.18 エレクトロマイグレーションによりボイドが発生したCu配線系の断面

増大が主な故障モードである。t_{50}と温度、電流密度の関係を表わす実験式は以下の**Blackの式**として知られている。

$$t_{50} = A\,J^{-n}\exp(E_a/kT)$$

ここで、t_{50}は**メディアン寿命**である。Blackの原論文(International Reliability Physics Symposiumの前身のシンポジウム、1967年)ではMTF(**平均寿命**)を使っているが、その後の研究でメディアン寿命が正しいことがわかっている。Aは配線材料、配線幅、膜厚などに依存する定数である。Jは電流密度、nは定数である。Blackの原論文では2であるが、その後の研究で必ずしも2ではないことがわかっている。E_aは故障現象としての**活性化エネルギー**(図1.19で説明)であり、必ずしも図1.14に示した活性化エネルギーと一致するわけではない。

紙数の都合で説明を省略したが、現実のEMでの原子の移動経路は何通りもあるため、図1.14のような簡単な図式のみでは表わせない。また、EMが断線・抵抗増大を引き起こすメカニズムも単純ではないため、両者の活性化エネルギーは必ずしも一致しない。kはボルツマン定数、Tは絶対温度である。

図1.19で故障現象としての活性化エネルギーについて説明する。この説明は**アレニウスの化学反応論モデル**に基づいている。故障前には図で正常状態(反応前)と示した状態にある。故障が起き、劣化状態(反応後)に至るためには

第1章　LSIの故障とその特徴

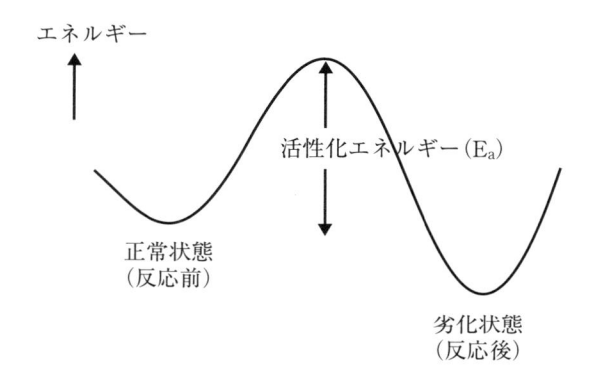

図1.19　故障現象としての活性化エネルギー

活性化エネルギー(E_a)と記したポテンシャルエネルギーの山を越える必要がある。これを式で表わすと次式のようになる。

$$L = B \exp(E_a/kT)$$

ここで、Lは寿命（メディアン寿命や平均寿命）、Bは定数、E_aは活性化エネルギー、kはボルツマン定数、Tは絶対温度である。両辺の対数をとると次式のようになる。

$$\ln L = (E_a/k)/T + C$$

ここで、Cは定数である。

この式から横軸に$1/T$、縦軸に$\ln L$をとると、傾きがE_a/kであることがわかる。

この関係を利用したのが図1.20に示す**アレニウスプロット**である。横軸に$1/T$、縦軸に$\ln L$をとり、温度を変えた実験の結果得られたデータをプロットし、直線で近似し、その傾きから活性化エネルギーを得る。

この**アレニウスの関係式**は故障現象一般に広く当てはまる。上述のEMの寿命を表わす式も温度依存性はアレニウスの関係式になっていることがわかる。アレニウスの関係式が当てはまらない例も、わずかながら存在する。この

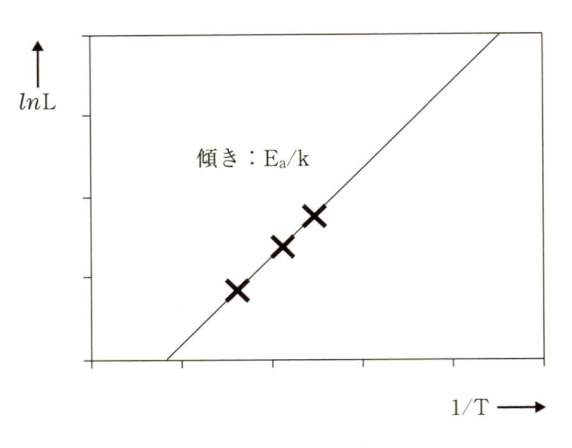

図1.20　アレニウスプロット

後紹介するSMがその例である。

　さて、話をEM関連現象に戻す。EMに関連した現象には、電子の衝突で金属原子が移動する現象以外にもう1つ重要な現象がある。1970年代半ばにBlech（Blackではないので注意）により発見された「『EMにより発生する応力勾配』を緩和するための『逆流』」現象である。この応力勾配によりある電流密度以下ではEMによる原子の流れが起こらないことも示された。その後、**EMと応力緩和の複合的現象**はいたるところで観測されている。例えば、図1.21に示すような電流が流れていないところにできるボイドもこの応力勾配によりはじめて説明がつく。この写真の例では、「EMにより発生する応力勾配」を緩和するための流れは必ずしもEM起因の流れとは逆向きではなく、もっと複雑である。電子の流れは上層配線の左からビアを通って、下層配線の右側に流れた。下層の配線のビアより左のボイドはEMにより生じた応力勾配により引き起こされた、と考えてはじめて説明がつく。

(3)　SM（ストレスマイグレーション）またはSIV（エスアイヴィ）

　SMはAl配線とその周囲の絶縁膜との**熱膨張係数**の差が原因で、Al配線に応力が働きAl配線中のAl原子が移動する現象である。Alの熱膨張係数は 23.0×10^{-6}/℃、周囲の絶縁膜の熱膨張係数は $0.6 \sim 3.2 \times 10^{-6}$/℃と一桁程度

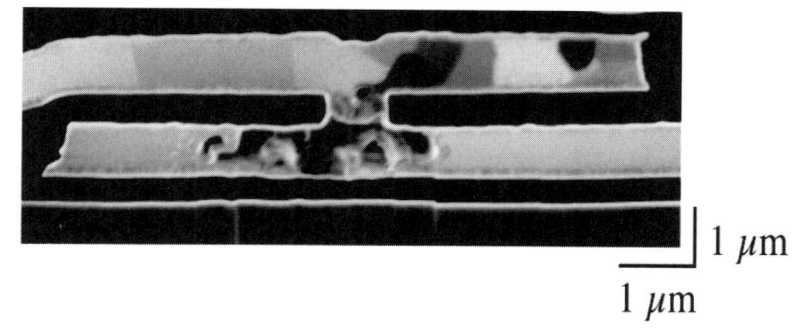

図 1.21 エレクトロマイグレーションの結果できた応力勾配を緩和するための原子の移動で引き起こされたボイドの例（断面 SIM 像）

異なることにより、SM は起こる。

図 1.22 に SM の基本的メカニズムを示す。製造工程の最終工程（図 1.22 の左側、400℃）では応力がなくても、常温にすると Al 配線に応力が働く（図 1.22 の右側）。この応力を緩和しようとして Al 配線中の Al 原子が移動するため、配線にスリットができたり、ボイドができたりする。このような現象は、**クリープ現象**として金属学の分野では古くから知られていたが、LSI でこの現象が問題になってきたのは、1980 年代半ばに配線幅が 2 μm を切った頃からであ

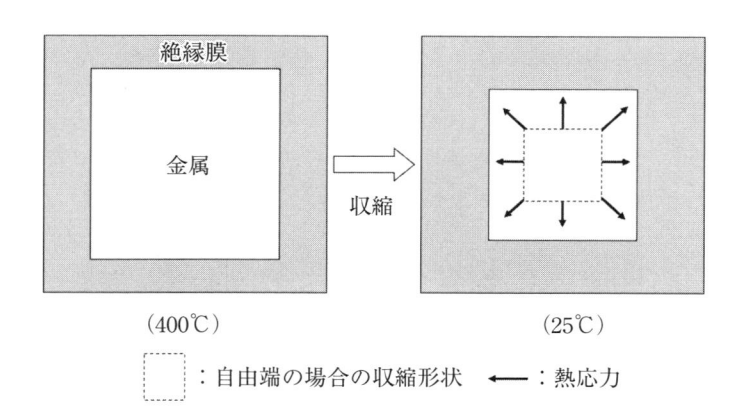

図 1.22 ストレスマイグレーションの基本的メカニズム

る。また、1990年代後半、銅配線が使われだして以降は、逆に広い配線がある箇所でSM(銅配線に対しての現象は日本ではSIVと呼ばれることが多い)現象が問題となってきた。

図1.23にAl配線のSMの例を示す。典型的な断線の形状は楔型とスリット型である。図1.23(a)に楔型のボイドで断線した例を示す。パシベーション膜を通して平面的に超高圧のTEM(Transmission Electron Microscope、透過電子顕微鏡)で観察したものである。配線幅は約0.7μmである。

図1.23(b)には細いスリット状に断線したAl配線の例を示す。パシベーション膜を剥がし、FIB装置のSIM機能で平面的に観察したものである。配線幅は約0.8μmで、スリットの幅は約0.2μmである。光学顕微鏡では分解能が足らず断線していることを確認できない。また、パシベーション膜が付いたま

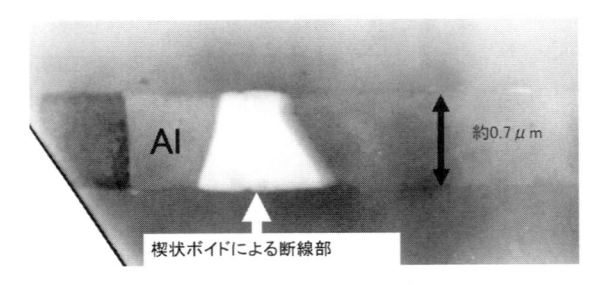

(a) 楔形ボイドによる断線の例

(出典) H.Okabayashi, Mat. Res. Soc. Symp. Proc. Vol.337、p.503、Fig.13(1994)

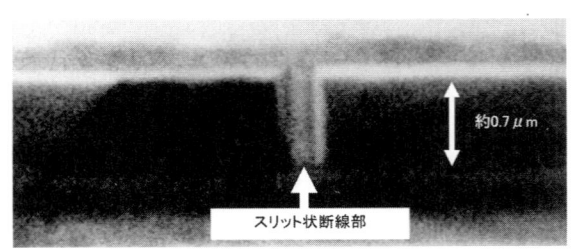

(b) スリット型ボイドによる断線の例

(出典) 岡林秀和、電子顕微鏡、Vol.32、No.1、p.11、図4(1997)

図1.23 Al配線におけるストレスマイグレーションの例

までは（表面の観察しかできない）SEM や SIM では確認することは困難である。

図 1.24 に銅配線の SM の典型例を示す。太い配線に接続されているビアの上下でこのようなボイドができる。(a)の写真は M2（第 2 層目金属配線）幅が

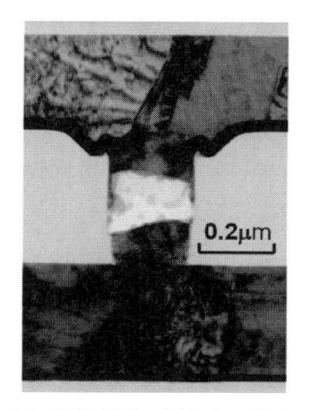

(a) 上層配線の幅が広い場合 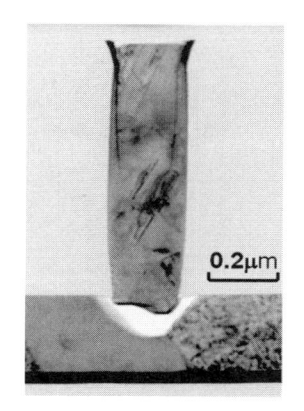　　(b) 下層配線の幅が広い場合

（出典）　川野他、LSI 配線における原子輸送・応力問題、第 9 回研究会（2003）

図 1.24　Cu 配線におけるストレスマイグレーションの例

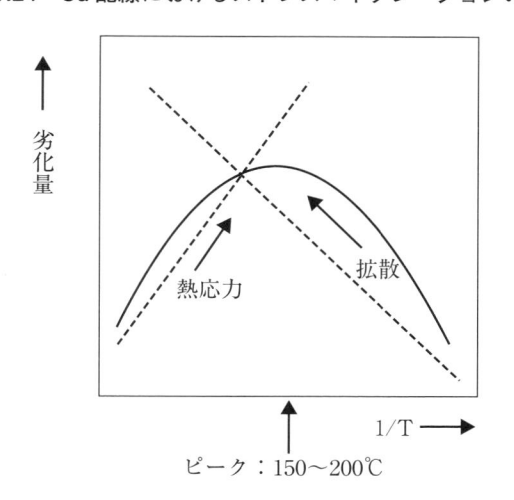

図 1.25　ストレスマイグレーションの温度依存性

10 μm、M1(第1層目金属配線)幅が 0.2 μm で 150℃保管後にボイドが発生した様子を示す。(b)の写真は M1 幅が 10 μm、M2 幅が 0.2 μm で 150℃保管後にボイドが発生した様子を示す。このように上の配線の幅が広いか、下の配線の幅が広いかで、ボイドの位置が異なる。

　アレニウスの関係式のところでふれたように SM 現象はアレニウスの関係を示さない。図 1.25 に示すように SM には熱応力と拡散の 2 つの現象が関係しているためである。金属原子が移動する駆動力の熱応力は温度が低いほど大きくなるが、金属原子が移動するベースとなる拡散は温度が高いほど大きくなる。この両者の兼ね合いで決まる 150℃〜200℃付近で最も劣化量が大きくなる。

第2章

LSI故障解析技術概論

　この章が本書の中心部である。
　個々の故障解析技術を説明する前に、いくつかの視点から全体像を見る。そもそもなぜ、故障解析が必要なのか、寿命データ解析とはどのような関係にあるのか、どのような物理的手段を用いるか、どのような戦術で故障箇所を絞り込むのか、などである。
　その後、故障解析の手順を示し、故障解析手法を分類して概要を説明する。
　個々の故障解析技術はパッケージ部に適用するものと、チップ部に適用するものに分かれる。パッケージ部に適用する技術・手法・装置ではX線、超音波、赤外線、磁場などを用いる。チップ部に適用する技術・手法・装置では光、電子、イオンなどを用いる。

2.1　基本の「き」

この節では本論に入る前に知っておいたほうがよい基本的な事項を述べる。

2.1.1　故障解析の定義・役割・必要性
（1）　故障解析の定義

まず、**故障解析の定義**である。ひとことで言えば、「ありとあらゆる手段を駆使して故障原因を解明する」であるが、これでは簡単すぎて、はじめての人には内容が見えない。ここでは、2通りの代表的な定義を見ておく。

まず、**MIL-STD-883**での定義を示す。そのまま引用すると「故障解析とは、報告された故障を確認し、故障モードあるいはメカニズムを明らかにするために、必要に応じ電気的特性、物理的、金属学的、化学的な多くの進んだ解析技術により故障後の調査をすることである」。これを図示したのが図2.1である。故障解析の目的は「故障モードあるいはメカニズムを明らかにする」ことであり、その手段として「必要に応じ電気的特性、物理的、金属学的、化学的な多くの進んだ解析技術」を用いることが明記されている。また、「報告された故障を確認し」、「故障後の調査をする」というように故障が発生した後に行う点が明記されている。

次に紹介する定義は、**JIS Z 8115**での定義であり、19年ぶりの全面改訂後（2000年）のものである。これもまずそのまま引用すると「故障メカニズム、故障原因及び故障が引き起こす結果を識別し、解析するために行う、故障したアイテムの論理的、かつ、体系的な調査検討」。ここでアイテムとは部品・機器・システムなどのことであり、本書の範囲ではLSIと置き換えればよい。これを図示したのが図2.2である。故障解析の目的は「故障メカニズム、故障

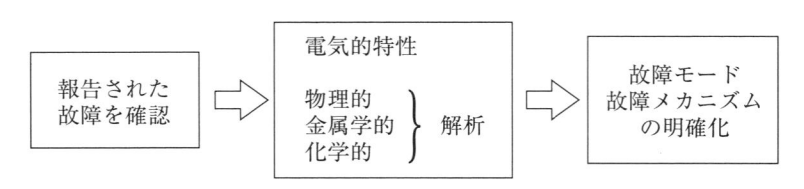

図2.1　MIL-STD-883における故障解析の定義

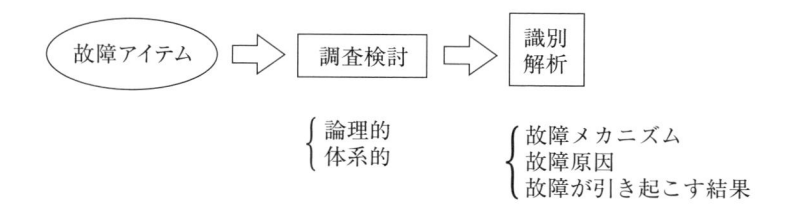

```
故障アイテム  →  調査検討  →  識別
                              解析
                 { 論理的     { 故障メカニズム
                   体系的       故障原因
                               故障が引き起こす結果
```

図 2.2　JIS Z 8115 における故障解析の定義

原因及び故障が引き起こす結果を識別し、解析する」ことであり、その手段として「論理的、かつ、体系的な調査検討」を行うことが記されている。また、「故障したアイテムの」というように、故障が発生した後に行うことも明記されている点は MIL-STD-883 と同じである。

(2)　故障解析の役割と目的

次に**故障解析の役割と目的**を述べる。故障解析の目的をひとことで述べれば「研究開発促進、歩留向上、信頼性向上、顧客満足度向上」である。故障解析の役割と目的を図示したのが図 2.3 である。不良・故障は研究開発の初期の段階から試作・量産・スクリーニング・市場のどのフェーズにおいても発生する。製造工程でも信頼性試験においても発生する。これらの不良・故障品の故障解析の結果はその不良・故障が発生した工程にフィードバックするだけでなく、発生工程の上流工程にもフィードバックされる。例えば、試作時の信頼性試験で発生した故障品の故障解析の結果は、信頼性試験の条件にフィードバックされるだけでなく、試作工程の条件、回路設計・レイアウト設計、場合によっては研究開発工程にもフィードバックされる。

研究開発段階での不良・故障品の故障解析結果は研究開発の促進に役立ち、試作段階での不良・故障品の故障解析結果は短納期でのユーザへの試作品提供などに役立つ。量産段階での不良品の故障解析結果は歩留まり向上に貢献する。また、量産段階での信頼性試験での故障品の故障解析結果は市場での信頼性予測などに役立つ。市場で発生した不良・故障品の故障解析結果はすべての工程へフィードバックされるだけでなくユーザにおける実装条件や使用条件に

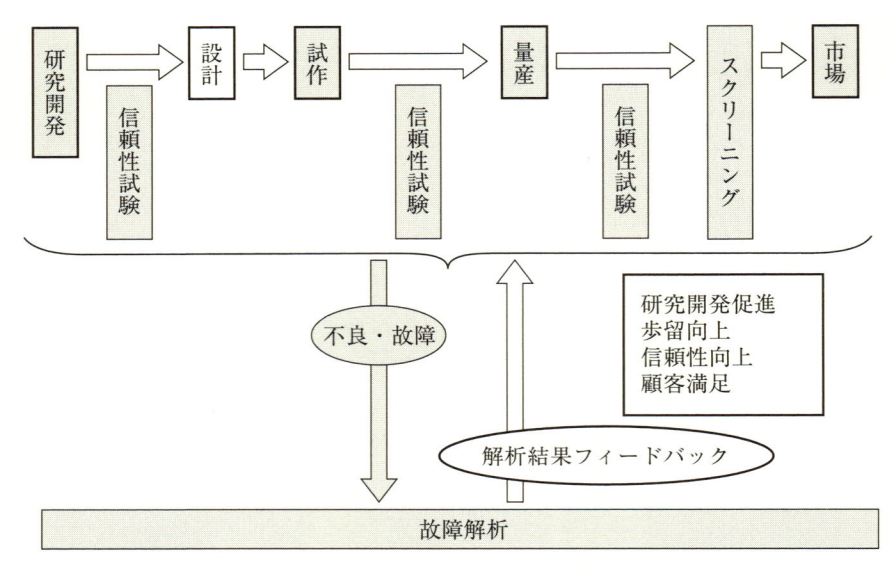

図 2.3　故障解析の役割と目的

もフィードバックされる。

　ここで述べたフィードバックの組合せは代表的な例にすぎず、現実には故障解析結果はさらに多くのさまざまなところにフィードバックされる。

(3)　故障解析の必要性：統計的寿命データ解析との対比から

　次に、少し違う観点から故障解析の必要性を述べる。本書では扱わないが故障時間に着目して解析する**寿命データ解析**という数理統計的な解析方法がある。図 2.4(a)は配線 TEG(試験専用構造)を加速寿命試験し、寿命データ解析法で解析した結果を示す。この図の横軸は絶対温度の逆数、縦軸はメディアン寿命であり、このような解析法はアレニウスプロットを呼ばれている(詳細は 1.3.2 項参照)。メディアン寿命を求めるために、アレニウスプロットの前に、対数正規確率プロットを行っているが、ここではその説明は省略する。条件 A と条件 B でアレニウスプロットを行い、条件 A ではほぼ直線にのり、アレニウスの関係が成立していることがわかる。ところが、条件 B では途中で折

れ曲がり，アレニウスの関係が成立していない．アレニウスの関係が成立しない理由は，このような数理統計的解析からだけではわからない．

そこで，いくつかのサンプルを抜き取り，金属顕微鏡と SEM を用いて簡単な故障解析を行ったところ，2 種類の故障モードが混在していることがわかった．図 2.4(b) に代表的な 2 サンプルについての解析結果を示す．図 2.4(b-1) が

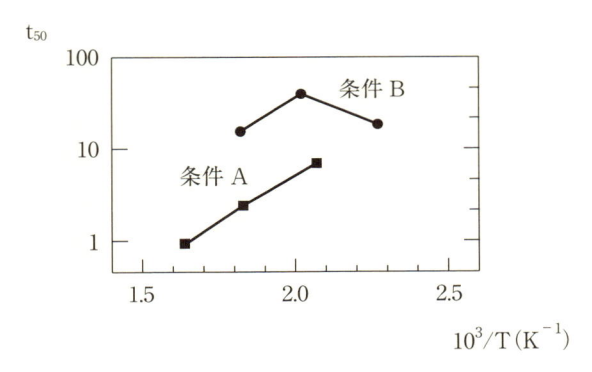

(a) 寿命データ解析結果（メディアン寿命のアレニウスプロット）

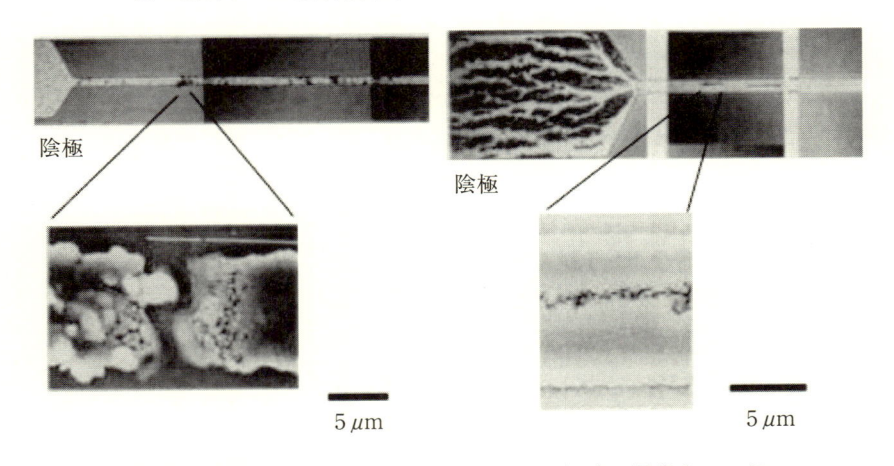

(b-1) 通常のモード　　　　　　(b-2) 異常なモード

(b) 故障解析結果

図 2.4　故障解析の必要性：別の観点から

通常の故障モードで、図 2.4(b-2)が異常な故障モードである。図 2.4(b-2)の故障モードはめったに見られない。ともに上側が金属顕微鏡観察の結果、下側がその一部を SEM で拡大観察した結果である。図 2.4(b-1)に示すサンプルでは配線の方向と垂直に断線が起きている様子がわかる。一方、図 2.4(b-2)に示すサンプルでは、配線中央に配線の方向と平行に亀裂が走っているが、断線は起きていないことがわかる。また、金属顕微鏡写真において左側の配線が広くなっている箇所ですじ状に色が変わって見えている。これらの観察結果から Al はエレクトロマイグレーションにより左側の広い箇所から右側に大量に運ばれ、そのルートが細い配線の中央部であったことがわかる。

　本来このように 2 種類の**故障モード**が混在している場合は、寿命データ解析は故障モード毎に別々に行う必要がある。

　ここでは、この場合の解析法についてこれ以上詳しくは述べないが、故障解析の必要性の一側面をご理解いただけたと思う。

2.1.2　LSI 故障解析概要
(1)　LSI 故障解析技術を物理的手段面から概観

　LSI 故障解析技術の詳細には触れずに全体を眺めてみる。全体を眺める方法にもいろいろあると思うが、ここではどのような物理的手段を用いているかに着目する。LSI の故障解析を行うためには、コストの制約はあるものの、その時々の科学技術の発展段階で入手可能なありとあらゆる手段を用いる。

　図 2.5 に現在日常的に故障解析に用いられている物理的手段を示した。矢印で流れの双方向性と一方向性も示した。この図 2.5 のように、電気信号、光、電子、イオン、X 線、超音波は LSI と解析装置の間で双方向にやり取りする。双方向といっても、電子を LSI に照射し電子を検出するような単純な双方向(SEM など)もあれば、イオンを照射し電子を検出するような迂回した双方向(SIM など)もある。振動や固体プローブは LSI にアクセスする方向だけである。振動を与えて超音波を検出するもの(PIND、Particle Impact Noise Detection)、固体プローブでのプロービングにより電気信号を得るもの(ナノプロービングなど)がある。

　また、現在研究開発段階のものや、実用化されているがまだ日常の解析手

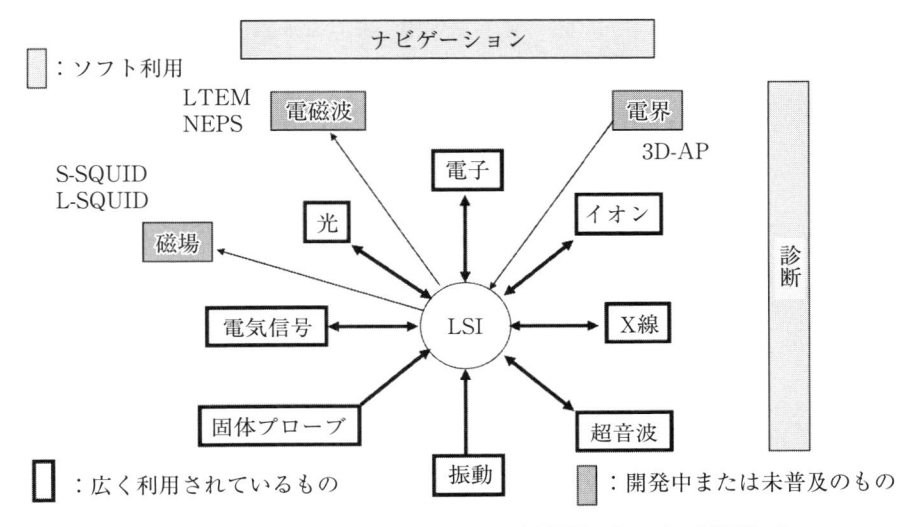

第 2 章　LSI 故障解析技術概論

図 2.5　LSI 故障解析技術を物理的手段面から概観

LTEM：Laser Terahertz Emission Microscope
NEPS：Nano Electrostatic-field Probe Sensor
S-SQUID：Scanning SQUID microscope
L-SQUID：Laser SQUID microscope
3D-AP：three Dimensional Atom Probe

段としては定着していないものは外側に示した。磁場を利用するもの（走査SQUID（Superconducting Quantum Interference Device、超伝導量子干渉素子）顕微鏡（S-SQUID）など）、電磁波を利用するもの（レーザテラヘルツ放射顕微鏡（LTEM）など）、電界を利用するもの（3次元アトムプローブ（3D-AP））がそれである。さらに外側には、ソフトを利用する、故障診断とナビゲーションを記した。

この後具体的な故障解析技術が出てきた際に、この図に戻って見直すと全体の位置付けがわかると思う。

なお、ここでは、LSI チップのパッケージからの露出やパッケージやチップの研磨などの前処理は除いてある。

（2）　故障解析を日常世界での犯人探しと比較

LSI チップ全体から nm オーダーの故障箇所（欠陥）をどのように見つけ出

し、解析するかを、世界全体から指名手配中の犯人を探し出す場合と対比して見てみると、絞り込み手法と物理化学解析手法との役割分担がわかりやすい。図 2.6(a) に両者を対比して示す。

　国際手配されている犯人を世界全体からやみくもに探そうと思っても無理なように、LSI チップ上の欠陥をチップ全体からやみくもに探すのは無理である。そこで、まず犯人がどこの地域に潜伏しているかの情報を得てから、その地域をしらみつぶしに捜索する（であろう）。同様に、LSI 故障解析においても、LSI チップ全体からミクロンオーダーの被疑箇所に非破壊で絞り込み、その中をしらみつぶしに物理化学的方法で、破壊的でもよいから、解析する方法を取る。

　地球全体（1 万 km オーダー）から地域レベル（km オーダー）に絞り込むのは約 4 桁であるように、LSI チップ全体（cm オーダー）からミクロンオーダーへの絞り込みも約 4 桁である。km オーダーの地域全体から m オーダーの犯人を探し出すのが約 3 桁のように、ミクロンオーダーから nm オーダーの欠陥を見つけるのも約 3 桁である。

　最近では、図 2.6(b) に示すように、2 つの段階（①故障診断と③半破壊絞り込み）が加わる場合が多くなっている。すなわち、微細化と素子数の増大により、チップ全体から非破壊でマイクロメータオーダーまでの絞り込みが困難になったことで、故障診断によりチップの一部までまず絞り込む場合が増えてきている。また、微細化によりマイクロメータオーダーの領域から直接欠陥を検出することが困難になったことで、半破壊絞り込みで 100nm 程度以下まで絞り込んでから物理解析を実施する場合が増えてきている。

（3）　故障被疑箇所絞り込みにおける道標（みちしるべ）

　物理化学解析では対象範囲全体を網羅的に観測する場合が多いが、非破壊の絞り込みは網羅的に行う（例えば金属顕微鏡でチップ全体を観測する）ことは稀であり、通常は道標を頼りに進める。道標として**異常シグナル**や**異常応答**を利用する。

　異常シグナルとしては、図 2.7(a) に示すように、**異常発熱、異常発光、異常電流、異常電気信号**、を利用する。異常発熱部は赤外光を観測したり、液晶の

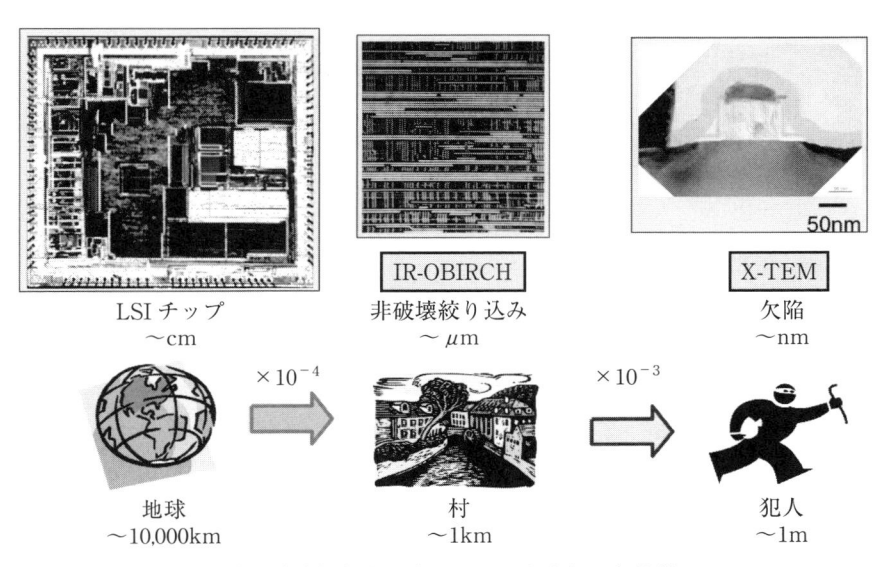

第 2 章　LSI 故障解析技術概論

IR-OBIRCH

X-TEM

LSI チップ
〜cm

非破壊絞り込み
〜μm

欠陥
〜nm

地球
〜10,000km

×10⁻⁴

村
〜1km

×10⁻³

犯人
〜1m

（a）　故障解析を日常世界での犯人探しと比較

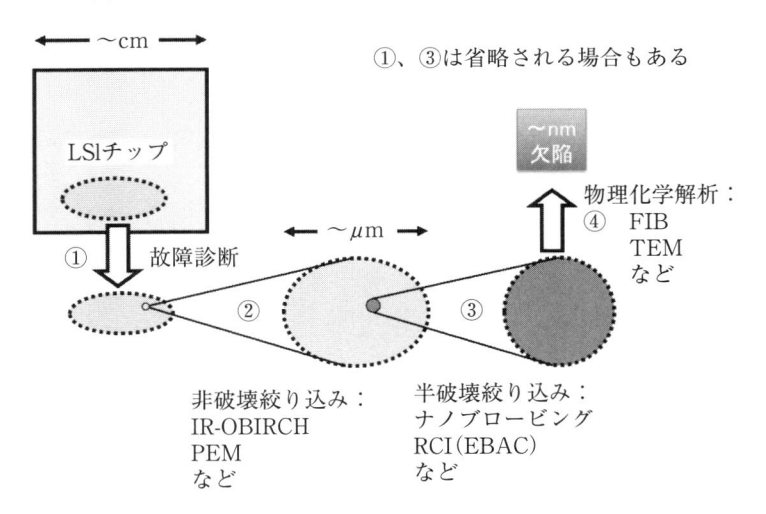

〜cm

LSIチップ

①、③は省略される場合もある

① 故障診断

〜μm

② 非破壊絞り込み：
IR-OBIRCH
PEM
など

③ 半破壊絞り込み：
ナノプロービング
RCI（EBAC）
など

〜nm
欠陥

物理化学解析：
④　FIB
TEM
など

OBIRCH：Optical Beam Induced Resistance CHange
PEM：Photo-Emission Microscope
RCI：Resistive Contrast Imaglng
EBAC：Electron Beam Absorbed Current
FIB：Focused Ion Beam
TEM：Transmission Electron Microscope

（b）　さらに 2 段階が加わった最近の手順

図 2.6　LSI チップ全体から欠陥解析までの手順

(a) 異常シグナルの利用

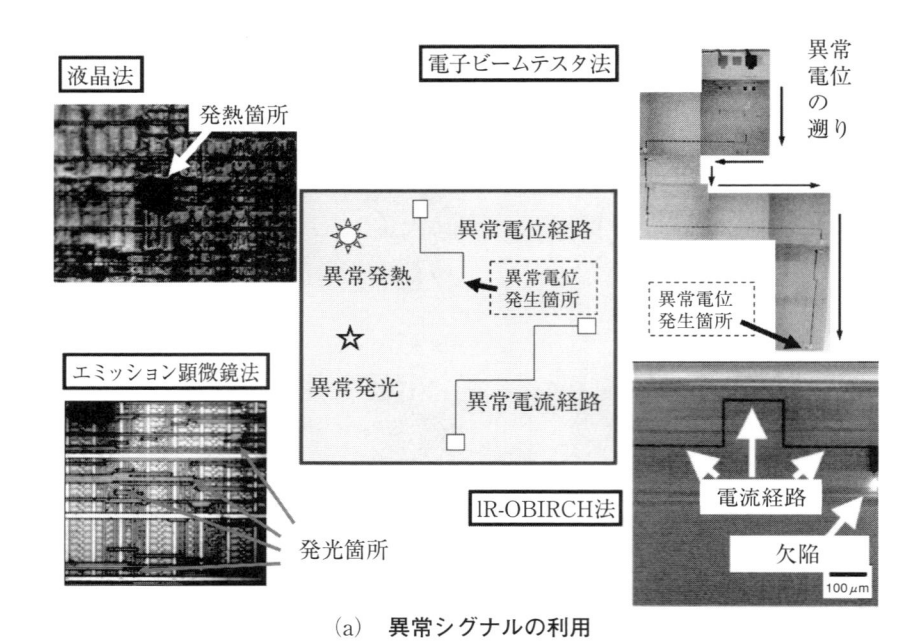

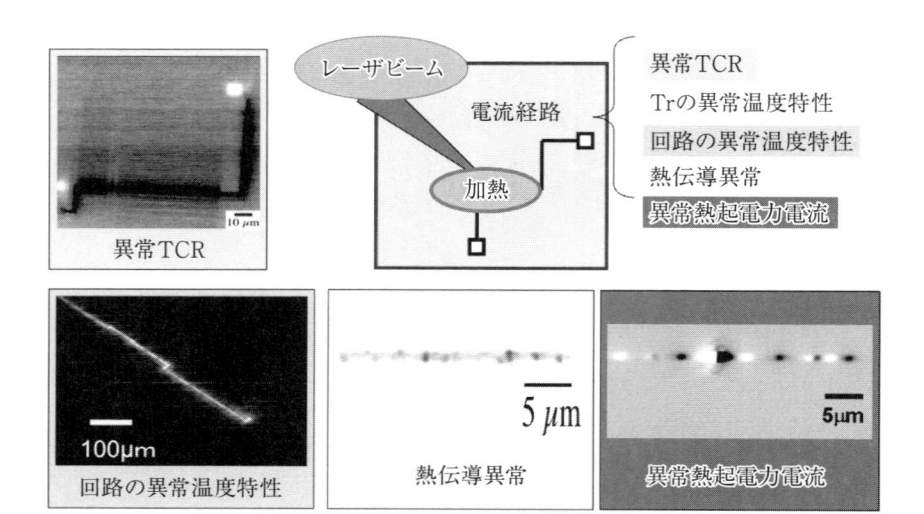

(b) 異常応答の利用

図 2.7　異常シグナルや異常応答の利用

温度相転移（液体⇔液晶）を偏光顕微鏡で観測したりすることで検出できる。異常発光部は顕微鏡を通して CCD (Charge Coupled Device) カメラなどで観察するエミッション顕微鏡を用いて検出できる。異常電流経路はレーザビームで加熱した際の抵抗変動を顕微鏡レベルで可視化する OBIRCH 法（オバーク法、レーザビーム加熱抵抗変動法）を用いて検出できる。これらの異常シグナルがない場合でも、チップ上の電気信号を直接電子ビームテスタで観測し、異常電位を追跡することで、故障箇所の絞り込みができる。

　異常信号が利用できない場合には、異常応答を利用する。ここでは最もよく利用されている異常応答利用法であるレーザビーム加熱に対する応答を利用する方法を図 2.7(b) を参照しながら説明する。異常応答の種類としては、TCR（抵抗値の温度依存性）異常、トランジスタや回路の温度特性異常、熱伝導異常、熱起電力異常がある。特に、TCR 異常は上下配線の接続部であるビアの底部などでの高抵抗箇所の検出や、バリアメタル残りによるショート箇所の検出に威力を発揮する。レーザビームを走査して OBIRCH 像を得、OBIRCH 像のコントラスト異常としてこれらの異常が観測できる。

(4)　走査像の仕組みと各種走査像

　OBIRCH 像など故障解析で取得する多くの像は走査像として取得する。ここでは**走査像の仕組み**と、故障解析に利用される走査像にはどのようなものがあるかについて述べる。

　我々が通常目で見ているものは網膜に結像された像であり、走査像ではない。日常生活で最も身近な走査像は、(一昔前の?)テレビやパソコンの像であろう。図 2.8 に走査像の仕組みを故障解析で使われる走査像を例にとりながら示した。被観測物の被観測領域（走査領域）をプローブ（レーザビーム [OBIRCHの場合] など）で走査しながら、走査点に対応した検出信号（抵抗変動の結果の電流変動や電圧変動 [OBIRCHの場合] など）を表示画面上で輝度（または擬似カラー）表示する。倍率は走査領域と表示領域の寸法の比である。

　OBIRCH 像以外でも、走査電子顕微鏡像、走査イオン顕微鏡像、レーザ走査顕微鏡像、OBIC (Optical Beam Induced Current) 像、走査超音波顕微鏡像（超音波探傷像）、走査 SQUID 顕微鏡像、走査レーザ SQUID 顕微鏡像、走査

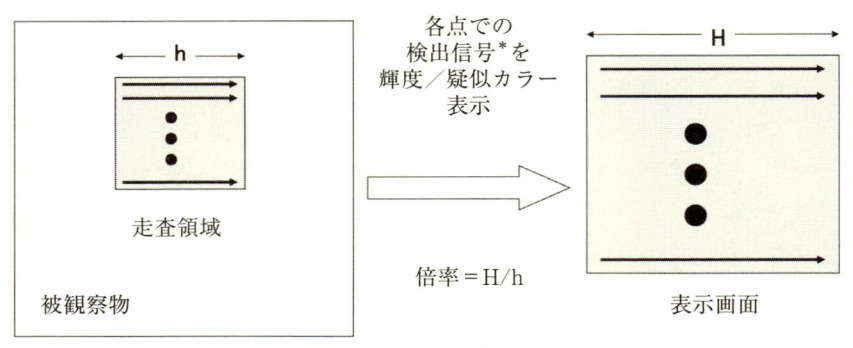

＊信号＝2次電子、反射光、抵抗変化、反射超音波、磁場など

図2.8 走査像の仕組み

表2.1 走査像の具体例

像の名称	ベースになる装置	走査するもの	表示に用いる信号
走査電子顕微鏡像	走査電子顕微鏡(SEM)	電子ビーム	2次電子など
走査イオン顕微鏡像	集束イオンビーム装置(FIB)	イオンビーム	
レーザ走査顕微鏡像	レーザ走査顕微鏡(LSM)	レーザビーム	反射光
OBIC像	レーザ走査顕微鏡(LSM)		光電流(電圧)
OBIRCH像	レーザ走査顕微鏡(LSM)		抵抗変化(電流変化、電圧変化)
走査レーザSQUID顕微鏡像＊	走査レーザSQUID顕微鏡＊		磁場
レーザテラヘルツ放射顕微鏡像＊	レーザテラヘルツ放射顕微鏡＊		電磁波
走査超音波顕微鏡像	走査超音波顕微鏡	超音波ビーム	反射超音波
走査SQUID顕微鏡像＊	走査SQUID顕微鏡＊	SQUID磁束計	磁場
走査プローブ顕微鏡像	走査プローブ顕微鏡	各種固体プローブ	原子間力など

＊：開発中または未普及のもの

プローブ顕微鏡(SPM、Scanning Probe Microscope)像などはすべてこのような仕組みで像を得ている。

表2.1に具体的な例を示す。すべて本書の後の章で解説するものである。＊を付けたものは開発中か未普及のものである。走査電子顕微鏡(SEM)は電子ビームを走査し、サンプルから出てくる2次電子や反射電子の強度を輝度信号として像表示する。走査イオン顕微鏡はFIB装置における像であるが、イオ

ンビームを走査した際にサンプルから出てくる2次電子（や2次イオン）を像表示する。レーザ走査顕微鏡ではレーザビームを走査し、サンプルから反射される光をフォトダイオードなどで検出し、像表示する。OBIC像はレーザ走査顕微鏡をベースにしており、レーザビームを走査した際にサンプル中で発生する光電流あるいは光電圧を像表示して得る。

OBIRCH像もレーザ走査顕微鏡をベースにしており、レーザビームを走査した際に加熱の効果で起きた抵抗変化を電流変化か電圧変化として検知し像表示して得る。

走査レーザSQUID顕微鏡像は、レーザビームを走査した際にサンプル中に発生した光電流が発生する磁場をSQUID磁束計で検出して、その磁場信号を像表示して得る。

レーザテラヘルツ放射顕微鏡像は、レーザビームをサンプルに照射した際に発生する光電流によるテラヘルツ(THz)電磁波を検出し、像表示して得る。

走査超音波顕微鏡像は、超音波ビームをサンプルに照射した際に反射してくる超音波を検出し、像表示して得る。

走査SQUID顕微鏡像はSQUID磁束計を走査し検知した磁場信号を像表示して得る。走査プローブ顕微鏡は先端が極微小な固体プローブを走査し、原子間力などを検知しその結果得られる変位などを電気信号に変換し、像表示して得る。

(5) チップ裏面からの観測の必要性と手段

現在LSI故障解析ではチップ裏面からの観測が日常的なものになっている。ここではその理由と手段について述べる。

図2.9に**チップ裏面からの観測の必要性**が増大してきた理由の主なものを示す。その理由の1番目にあげられるのが図2.9(a)に示す配線の多層化である。チップ内配線の多層化によりチップの表面側からは観測できない箇所が増大している。図ではレーザビームがチップ表面側からは内部に届かないが、チップ裏面側からは多くのところに届く様子を示した。理由の2番目にあげられるのが、実装法の多様化により、チップの表面が物理的に遮られる場合が増大してきたことがあげられる。図2.9(b)にはその代表的な例としてフリップチップ

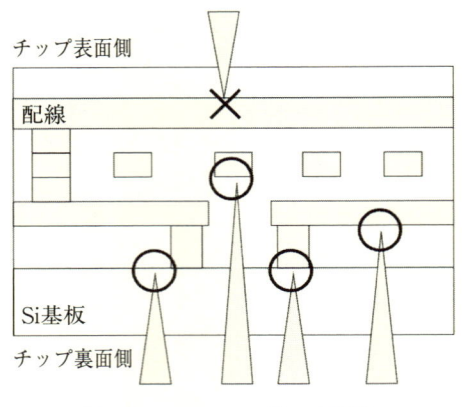

(a) LSIチップ配線の多層化

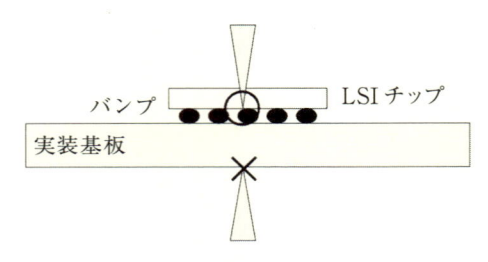

(b) 実装法の多様化

図 2.9　チップ裏面側からの観測必要性増大の理由

実装法を示してある。図 2.9 ではフリップチップの場合に裏面側からは容易にチップ表面付近にレーザが到達するが、表面側からは実装基板による遮蔽でレーザがチップまで届かない様子を示した。

では、どのような手段でチップ裏面側からチップ表面付近の活性層や配線部を観測するのかを次に示す。図 2.10(a) が最もよく利用されている方法で、図 2.9 ではすでにこの方法の一部を図示してあった。すなわち、シリコン基板を透過する波長の光(約 $1\,\mu m$ 以上)を利用する。この方法はエミッション顕微鏡法や OBIRCH 法で広く実用化されている。また LVP/LVI (Laser Voltage Probing/Imaging) 法でも使われている。図 2.10 ではエミッション顕微鏡で発光を観測している様子と IR-OBIRCH 法でレーザビームを照射している様子を

第 2 章　LSI 故障解析技術概論

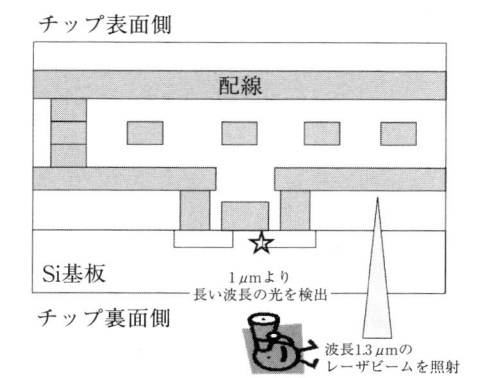

(a)　シリコン基板を透過する波長の光（約 1 μm 以上）を利用

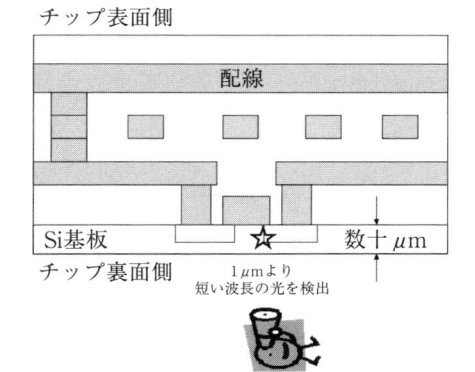

(b)　シリコン基板を数十 μm まで薄く研磨

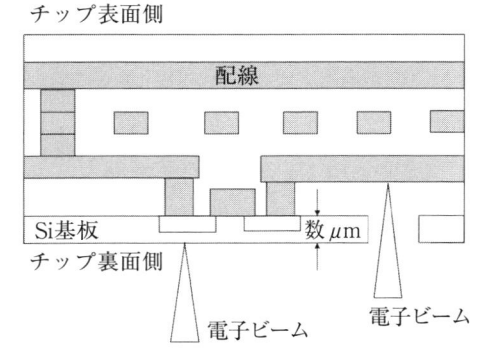

(c)　物理的に裏側から接近

図 2.10　チップ裏面側からの観測手段

示した。エミッション顕微鏡では 1 μm より長い波長の光を検出している。IR-OBIRCH 法では 1.3 μm の波長のレーザビームを照射している。

図 2.10(b) に示す方法はどこでも日常的に使われているわけではないが、利用が報告されているものである。すなわち、シリコン基板を数十 μm まで薄く研磨することで、1 μm 以下の波長の光でもある程度透過するようになり、裏面からの観測が可能になる。

図 2.10(c) に示す方法もどこでも日常的に使われている方法ではないが、他に手段がない際には利用される方法である。ある程度薄くチップを研磨した後、FIB を用いて部分的にエッチングし薄くし、電子ビームなどでプロービングする。図では電子ビームテスタで拡散層部の電位を観測したり(左)、配線部の電位を観測したり(右)している様子を示す。配線部を観測する際はその下に活性な領域がない箇所を選択し、FIB で配線部を露出させてから観測する。

2.2 故障解析の手順

故障解析の手順の概要を図 2.11 に示す。

手順の基本は、全体から詳細へ、非破壊解析から破壊解析へ、である。同じ症状の故障品が多数ある場合は統計的な解析も有効であるが、ここでは統計的方法には触れない。また、故障解析はいろいろな場面で行うが、ここではユーザで使用中に故障したと認識されたものがメーカに送られてきた場合の故障解析について述べる。

[STEP1]　故障状況把握

故障品を入手するか入手することが決まったら、まず、故障状況の把握を行う。故障の症状(機能不良かタイミング不良かなど)、故障した環境(実装工程かエンドユーザかなど)を把握するとともに、故障品の履歴の確認を行う。製造メーカでの履歴(ロット、スクリーニング結果、出荷検査結果など)だけでなく、ユーザでの履歴(実装時の検査結果、手直し履歴、市場での使用時間など)の確認も行う。通常このような情報がすべて揃うわけではないが、できる限りの情報を収集し状況を把握しておくことが、後の現物での故障解析の際に役立つ。

第 2 章　LSI 故障解析技術概論

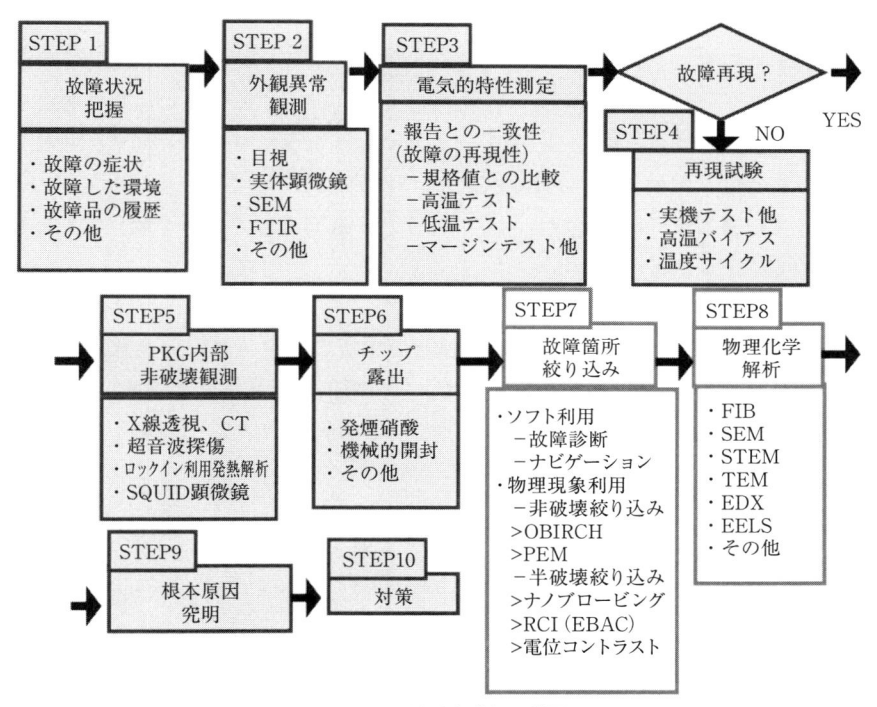

```
┌─STEP 1────┐   ┌─STEP 2────┐   ┌─STEP3──────────┐     ╱故障再現?╲
│ 故障状況  │   │ 外観異常  │   │ 電気的特性測定 │───▶╲        ╱──────▶
│ 把握      │   │ 観測      │   │                │      ╲  ╱    YES
├───────────┤   ├───────────┤   │・報告との一致性│      ▼NO
│・故障の症状│  │・目視     │   │  (故障の再現性)│  ┌─STEP4────┐
│・故障した環境│ │・実体顕微鏡│ │ －規格値との比較│  │ 再現試験 │
│・故障品の履歴│ │・SEM      │   │ －高温テスト   │  ├──────────┤
│・その他    │  │・FTIR     │   │ －低温テスト   │  │・実機テスト他│
└───────────┘   │・その他   │   │ －マージンテスト他│ │・高温バイアス│
                 └───────────┘   └────────────────┘  │・温度サイクル│
                                                        └──────────┘

   ┌─STEP5──────────┐   ┌─STEP6────┐   ┌─STEP7──────┐   ┌─STEP8────┐
▶ │ PKG内部        │   │ チップ   │   │ 故障箇所   │   │ 物理化学 │
   │ 非破壊観測     │   │ 露出     │   │ 絞り込み   │   │ 解析     │──▶
   ├────────────────┤   ├──────────┤   ├────────────┤   ├──────────┤
   │・X線透視、CT   │   │・発煙硝酸│   │・ソフト利用│   │・FIB     │
   │・超音波探傷    │   │・機械的開封│ │ －故障診断 │   │・SEM     │
   │・ロックイン利用発熱解析│ │・その他│ │ －ナビゲーション│ │・STEM │
   │・SQUID顕微鏡   │   └──────────┘   │・物理現象利用│ │・TEM   │
   └────────────────┘                   │ －非破壊絞り込み│ │・EDX │
                                         │ >OBIRCH    │   │・EELS   │
   ┌─STEP9────┐   ┌─STEP10──┐           │ >PEM       │   │・その他 │
▶ │ 根本原因 │──▶│ 対策   │──▶        │ －半破壊絞り込み│ └──────────┘
   │ 究明     │   │        │           │ >ナノプロービング│
   └──────────┘   └────────┘           │ >RCI (EBAC)│
                                         │ >電位コントラスト│
                                         └────────────┘
```

図 2.11　故障解析の手順

[STEP2]　外観異常観察

　現物を対象とした解析はまず、外観の異常がないか、目視や実体顕微鏡で観察することから始める。傷、クラック、腐食やその痕跡、異物の付着やその痕跡などの外観異常の有無を観察し、外観異常があった場合は、報告された症状との関係を考察する。異常があり、報告された症状と対応がとれる可能性が高い場合には、異常箇所を SEM などでの拡大観察、FTIR（Fourier Transform Infrared Spectroscopy、フーリエ変換赤外分光法）や EDX（あるいは EDS, Energy Dispersive X-ray Spectrometry、エネルギー分散型 X 線分光法）で分子や元素の同定などを行なう。

[STEP3]　電気的特性測定

　外観異常の有無を観察した後は、電気的特性の測定を行う。電気的特性の測定では、まず報告された症状と一致しているかを確認する。また、規格値とも比較する。報告された症状と一致しない場合は、高温でテストしたり、低温でテストしたり、電源電圧や周波数を振って測定したり（マージンテスト）する。外観異常観察の前に電気的特性測定を行うと、外観異常の状態が変わることもあるので、注意が必要である。

[STEP4]　再現試験

　これら一連の再現性確認の結果、故障の症状が再現されない場合には、テスタビリティ不足（LSI テスタでのテストで故障箇所を活性化できていないか、活性化できても観測できていない）の場合と、故障が物理的に回復した場合がある。テスタビリティ不足の場合には、テスタビリティを向上させた他のテスト（例えば、IDDQ テスト）を実施するか、実機でのテストか実機をシミュレートしたテストが必要になる。また、故障が物理的に回復した可能性がある場合には高温バイアス試験や温度サイクル試験を行って故障を物理的に再現させる必要がある。

[STEP5]　パッケージ内部非破壊観測

　故障が再現したら、パッケージ（PKG）内部を非破壊で観測する。X 線透視、X 線 CT（Computer Tomography、コンピュータ断層撮影）、超音波探傷法などで、形状の異常や剥離・空隙の有無を観測する。また、ロックイン利用発熱解析でショート位置を推定する。ショート不良の場合には走査 SQUID 顕微鏡でショート位置を絞り込む場合もある。パッケージ部に異常が見つかった場合は、研磨などで異常部に接近し、光学顕微鏡や SEM での観察や EDX による元素同定を行うなどする。

[STEP6]　チップ露出

　パッケージ部に異常が確認されず、チップ部の故障である可能性が大きい場合には、チップ部を露出する。プラスチックパッケージの場合には発煙硝酸などでチップを露出させたい箇所の樹脂のみを溶かし、チップ裏面またはチップ表面を露出させる。セラミックパッケージや金属パッケージの場合には機械的に蓋をはずしたり切断したりしてチップを露出させる。チップを剥がす必要が

ある場合もある。チップを剥がしボンディング部も剥がした場合には再ボンディングを行う。

[STEP7] 故障箇所絞り込み

いよいよチップ部の故障解析に入る。まず、チップ全体のどの付近に故障の原因となった欠陥があるか、非破壊で絞り込む。非破壊で絞り込む方法にはソフトを利用する方法と物理的現象を利用する方法がある。

ソフトを利用する方法はLSIテスタでの測定結果とソフトのみで故障箇所を絞り込む方法と、物理現象を利用する際の補助的手段としてナビゲーション的に利用する方法がある。LSIテスタでの測定結果とソフトのみで故障箇所を絞り込む方法は故障診断法と呼ばれる。

ナビゲーション的方法にはLSI設計の際に使用したレイアウトデータのみを利用するものと回路データも併用するものがある。最もシンプルなものは観測箇所とレイアウトや回路との対応をとるものである。より高度なものとしては、EBT（電子ビームテスタ）で故障箇所を絞り込む際に次に観測すべき箇所を指示するものや、PEM（(光)エミッション顕微鏡法）での多数の発光箇所やOBIRCHでの多数の反応箇所から共通の配線経路を探したり、故障診断との対応を示したりするものもある。

故障診断法である一箇所に絞り込めることは稀で、良くてもある配線とそれと等電位の箇所に絞り込める程度である。多くの場合は複数箇所が候補としてあがる。最近では、従来と比べると故障診断を利用する場合が増えたが、それでもほとんどの場合、故障診断後に候補としてあがった箇所を対象に物理現象を利用した絞り込みを行う必要がある。

物理的現象を利用した非破壊絞り込み法にはレーザビーム加熱による異常応答をみるOBIRCH法、微少な発光をみるPEM法、電位を直接観測するEBT法などがある。

上述の方法を用いてもまだ十分局所的には絞り込めない場合も多く、その対策として最近利用頻度が増えているのが半破壊絞り込み法である。上述の方法である程度絞込んだ後に、配線層部の一部または全部を研磨などで取り除いてから（その箇所は破壊されるので半破壊）使われる場合が多い。ここでは3種類の方法について簡単に述べる。

1つ目は、極微小な先端をもつ金属のプローブで微小電極部を探針し電気的特性を測定する方法で、ナノプロービングなどと呼ばれている。SEMをベースにしたものとSPMをベースにしたものがある。

　他の2つは、SEMをベースにした方法である。最初のRCI(Resistive Contrast Imaging)あるいはEBAC(Electron Beam Absorbed Current)と呼ばれる方法では、電子ビームにより配線部などに電子ビームで電流を注入し、極微細金属探針で電気的接触した際の注入電流(吸収電流とも言える)の分散経路を像として観測する。断線・高抵抗箇所やショート箇所を検出できる。2つ目は電位コントラスト法(VC, Voltage Contrast)法である。SEM像のコントラストが電位に依存することを利用して断線・高抵抗・ショートなどの箇所を検出できる。

[STEP8]　物理化学解析

　絞り込み法で故障の原因となる欠陥の位置が絞り込めたら、その箇所をFIBなどで切り出し、物理化学的解析を行う。SEM、STEM(Scanning Transmission Electron Microscope、走査型透過電子顕微鏡)、TEMで観察を行い、それらに付属したEDXやEELS(Electron Energy Loss Spectroscopy、電子線エネルギー損失分光法、イールス)で元素分析や状態分析などを行ない、欠陥の素性を明らかにする。

[STEP9]　根本原因究明

　欠陥の素性が物理化学的に解明された後は、そのような欠陥がその場所に存在することとなった根本的原因を究明する。根本原因究明のためには、製造プロセスの条件を振った再現実験や、製造装置の条件や履歴の洗い出しなどSTEP8以前の段階より多くの時間と工数が必要な場合も多い。

[STEP10]　対策

　根本原因がわかれば、再発防止策や、未然防止策を立てることができる。設計起因の場合、製造起因の場合、使用条件起因の場合など、その波及範囲は根本原因ごとに異なる。故障解析結果を有効に活用するためにも最後のステップである対策まで確実に行うことが重要である。

2.3 故障解析技術の分類

個々の故障解析技術の詳細をみる前に、ここでは故障解析技術を機能ごとに分類して概観する。故障解析技術を基本的機能から分類すると、電気的評価法、異常シグナル・異常応答利用法、組成分析法、形態構造観察法、加工法などに分けられる。以下ではこれらの機能ごとにみていく。その際第1節で簡単に触れた「どのような物理的手段を利用しているか」にも着目して整理する。

2.3.1 電気的評価法

電気的評価法について、表 2.2 を参照しながら概観する。表 2.2 には電気的評価法そのものだけでなく、特別に重要なものは電気的評価を行う際の補助手段も示してある。なお、*が付いたものは開発段階または未普及のものである。

最初の4つは、パッケージのリード部またはパッドなどへの探針を通して、電気的特性を評価する際に利用できるものである。カーブトレーサは 2～6 端子で主に DC 的な電流・電圧特性を測定するのに用いる。LSI テスタは、多数の端子からプログラムに従ってテストパターンを入力し、その結果出力される信号を期待値と比較したり、電源電流の変化を測定したりすることで LSI の機能を測定するのに用いられる。オシロスコープは、動的な信号波形を観測するのに用いられる。スペクトルアナライザは信号の周波数成分を観測するのに用いられる。

その下の微細金属探針と SPM は上記 4 つあるいはある目的に特化した測定手段による電気的測定を LSI チップ上の電極から取り出して行う際に用いる。微細金属探針の場合はその位置制御は SEM 中 (真空中) で SEM 像を見ながら行うが、SPM の場合には位置制御は、SPM 像を見ながら、大気中で行う。

次の SEM は、主に 3 つの機能が用いられている。まず、2 次電子を利用した電位コントラストを観測することで電位を観測する機能。次は電子ビームによる電流注入を利用して吸収電流 (試料を通して GND に流れ込む電流) や金属探針に流れ込む電流を観測することで注入電流の分岐状態 (すなわち抵抗値の分布) を観測する機能。最後は金属微細探針の位置制御のための観察機能である。

表 2.2 電気的評価法・評価装置一覧

手法または装置		機能	物理的手段		
			LSIへの入力	観測対象	LSIからの出力
PKG端子、パッドを通じた電気的測定	カーブトレーサ	電流、電圧特性測定	電気信号	電位・電流	電気信号
	LSIテスタ	広範な電気的特性測定	電気信号	電位・電流	電気信号
	オシロスコープ	電流・電圧の時間的変化測定	電気信号	電位・電流	電気信号
	スペクトルアナライザ	信号の周波数成分の解析	電気信号	電位・電流	電気信号
個体探針	微細金属探針	微小部位の電気的特性測定用探針			
	SPM				
電位コントラストなど	SEM	電位観測（電位コントラスト利用）	電気信号・電子ビーム	電位	2次電子
		電気的導通性観測（電流注入、吸収電流など利用）	電子ビーム	抵抗値	電流・電圧変化
	FIB	微細金属探針の位置制御用観測	電子ビーム	形状・電位	2次電子
		電位観測（電位コントラスト利用）、帯電防止	電気信号・イオンビーム	電位	2次電子
	EBT	電位観測（電位コントラスト利用）、動的観測も可	電気信号・電子ビーム	電位	2次電子
電流経路観測	IR-OBIRCH	DC的電流経路観測	電気信号・レーザビーム	電流	電流・電圧変化
	走査SQUID顕微鏡	電流経路観測	電流		磁場
外部からの電気的接触不要	走査レーザSQUID顕微鏡*	電気的導通性など観測	レーザビーム	光電流	磁場
	レーザテラヘルツ放射顕微鏡*		フェムト秒レーザビーム		THz電磁波

FIB は 2 次電子を観測することで電位コントラストを得る機能と、観測中帯電により電位コントラストが不鮮明になった際に加工することでチャージを逃がし、明瞭なコントラストを得る機能が用いられている。
　その下の EBT（電子ビームテスター）は SEM の電位コントラスト機能を進化させたものであり、静的な電位観測だけでなくストロボ法を利用した動的な電位観測も可能である。
　次の 2 つは電流経路を可視化する機能がある。IR-OBIRCH 法はサブミクロンの分解能で DC 的電流経路を可視化する機能があるので LSI チップ上の観測に用いられる。走査 SQUID 顕微鏡は数十 μm の分解能なので、パッケージ部の電流経路の可視化に主に用いられる。
　次の 2 つは現在開発中のものであり、外部からの電極の接触が不要な電気的観測法である。ともにレーザビームで LSI チップ中に光電流を発生させる。走査レーザ SQUID 顕微鏡は光電流で発生した磁場を超高感度の磁束計である SQUID 磁束計で検出する。レーザテラヘルツ放射顕微鏡は光電流で発生したテラヘルツ（THz）電磁波を専用のアンテナで検出する。THz 電磁波を発生させるためにレーザはフェムト秒レーザを用いる。LSI チップ上の断線やショートが磁場や THz 電磁波の発生を変化させるため、絞り込みに利用できる可能性が示されている。

2.3.2　異常シグナル・異常応答利用法

　次に表 2.3 を参照して、異常シグナルや異常応答を利用する方法や装置について説明する。まず、異常シグナルの 1 つである発光に関しては、静的な検出を行うエミッション顕微鏡（PEM）と動的な検出を行う時間分解エミッション顕微鏡（TREM）がある。PEM では酸化膜リーク部などでの発光を観測することでリーク箇所などの検出ができる。TREM を使うと回路動作にともなう MOS トランジスタのドレイン部からの発光を動的に観測することで、信号伝播の動的な観測ができる。
　異常発熱の観測には主に 3 つの方法が使われる。液晶塗布法は、LSI チップ上に塗布した液晶の温度相転移を偏光顕微鏡で観察することで、発熱箇所（その上部の液晶は液相に転移している）が見分けられる。あとの 2 つは赤外像を

表 2.3 異常シグナル・異常応答利用法・装置一覧

利用する異常シグナル・異常応答					手法または装置	検出可能な欠陥	物理的手段			
							LSIへの入力	観測対象	LSIからの出力
異常シグナル	発光	静的			PEM	酸化膜リークなど	電気信号	キャリア再結合などでの発光	光
		動的			TREM	タイミングに関わる各種欠陥	動的電気信号	ドレイン部の発光	
	電流経路				OBIRCH	IDDQ異常の原因欠陥など	電気信号・レーザビーム（波長633, 1.3μmなど）	2端子間の電流経路	電流/電圧変化
	電気信号				EBテスター	電気信号異常を起こすべての欠陥	電気信号・電子ビーム	配線電位	2次電子
	発熱				液晶塗布法	ショートなど	電気信号・偏光	液晶の温度相転移	偏光
					赤外線顕微鏡PEM		電気信号	熱放射	赤外光
異常応答	チップ	静的	熱伝導異常		OBIRCH (含IR-OBIRCH)	ボイドなど高抵抗・ショートなど	電圧/電流・レーザビーム（波長1.3μm）	異常温度上昇抵抗値の温度係数	電流/電圧変動
			温度特性異常	配線		ショートなど		トランジスタの温度特性	
				トランジスタ	IR-OBIRCH		電圧/電流・レーザビーム（波長1.3μm）	回路の温度特性	
				回路		断線・高抵抗など		熱起電力	
			熱起電力異常						
			ショットキー障壁異常						
			電界異常		OBIC	ショート・断線など	電圧/電流・レーザビーム（波長1.06μm）	内部光電効果	
		動的	温度に対するマージナル不良		SDL	ボイド，ソフトリークなど	電圧/電流・レーザビーム（波長1.3μm）	温度変化耐性	電気信号
			光電流に対するマージナル不良		LADA	マージナル不良に影響する欠陥	電圧/電流・レーザビーム（波長1.06μm）	光電流耐性	
	PKG	PKG内壁への異物衝突による超音波発生			PIND	中空PKG内異物	振動	衝突による超音波発生	超音波
		断線／ショートによる反射			TDR	PKG系断線	高周波	高周波の反射	高周波

50

観測するもので，温度分布観測用に開発された赤外熱顕微鏡を用いる方法と上述のPEMを用いる方法である．PEMでも，赤外域まで高感度のものを用いると感度よく観測できる．

異常応答を利用する方法には，光加熱に対する応答を利用する方法(OBIRCH，IR-OBIRCH，SDL(Soft Defect Localization))と光電流に対する応答を利用する方法(OBIC，LADA(Laser Assisted Device Alteration))がある．前者では，光電流が発生しない波長($1.3\,\mu m$)の光が用いられ，後者では光電流が発生する波長($1.06\,\mu m$など)の光が用いられる．

静的に光加熱を用いる方法には，OBIRCH(IR-OBIRCHと可視光を用いたOBIRCHを含む)が用いられるが，配線部のみで構成されるTEGを観測するとき以外はIR-OBIRCHが用いられる．(IR-)OBIRCHは，表2.2で電流経路を観測する手段として紹介したが，それ以外にこの表に示すように多くの利用法がある．すなわち，配線中のボイドの存在などによる熱伝導異常，配線・トランジスタ・回路の温度特性異常，配線断線・高抵抗による熱起電力異常，金属・Si間のショートによるショットキー障壁異常発生などを検出するために利用できる．

静的方法の最後は光電流を利用し，電界異常箇所の検出を行うOBIC法である．

動的に光加熱を利用する方法には，RIL(Resistive Interconnection Localization)またはSDL(Soft Defect Localization)と呼ばれる方法がある．ともに道具立ては同じであるが目的(あるいは結果)により名前を呼び分けている．ただ，SDLの方が概念的に広く，高抵抗箇所，絶縁膜のリーク，タイミングマージンなどソフトな欠陥を絞り込むという概念なので，本書ではSDLという呼び方を主に使う．レーザビームをLSIチップ上で走査させながら，LSIテスタでの良否判定結果を，レーザビームの位置に対応させて，白黒あるいは疑似カラーで像表示する．

動的に光電流を利用する方法はLADAと呼ばれている．

以上は，すべてLSIチップ部の故障解析法であったが，最後の2つはパッケージ系の解析法である．1つ目は中空パッケージ(セラミックPKGや金属PKG)内の異物を検出するPINDと呼ばれる方法である．PKGを振動させ超音

波を検出することで、内部に浮遊異物があると検出できる。2つ目はTDRと呼ばれる方法で、高周波パルスの反射を観測することで、断線箇所やショート箇所の位置を距離で推定する。

2.3.3 組成分析法

表2.4に**組成分析法**または分析装置の一覧表を示す。専用機でない場合はベースになる装置名も示す。機能の概要を示すとともに、試料に入射するもの、観測の対象となるもの、試料から出力されるものも示す。

以下、順に説明する。

組成分析法でもっともよく用いられるのが最初のEDXである。SEM、TEMまたはSTEMに付属して用いられる。電子ビームを入射した際に発生する特性X線のスペクトルをエネルギー分散法で取得し、元素固有のピークを探すことで、元素組成がわかる。

次に示すEELSは近年実用化された方法である。透過電子のエネルギー損失をスペクトルとしてみることで、元素同定ができるだけでなく状態分析もで

表2.4 組成分析法・装置一覧

手法または装置	ベースになる装置	機能	物理的手段			最高空間分解能（目安）
			試料への入力	観測対象	試料からの出力	
EDX (EDS)	SEM、TEM、STEM	元素同定	電子ビーム	原子組成	特性X線	～nm
EELS	TEM、STEM	元素同定、状態分析	電子ビーム	原子組成・化学結合状態	非弾性散乱電子	～nm
AES	専用機	元素同定：極表面	電子ビーム	原子組成	オージェ電子	～100nm
SIMS	専用機	元素、分子同定：極表面、深さ方向	イオンビーム	原子組成・分子組成	2次イオン	～100nm
3D-AP	専用機	元素同定：3次元	電界・レーザ	原子組成	電界蒸発イオン	～nm
顕微FTIR	専用機	分子同定	赤外光	分子組成	吸収光	～μm

きる（例えば、Si、SiN、SiO の違いなども Si のスペクトルの違いとして識別できる）。

　AES（Auger Electron Spectroscopy、オージェ電子分光）法は古くから使われている方法である。電子ビームを照射した際に発生するオージェ電子のスペクトルから元素同定を行う。オージェ電子が試料外に出てくる領域が浅いため、ごく表面の分析が可能である。Ar イオンなどでスパッタリングしながら測定することで深さ方向の分析もできる。

　SIMS（Secondary Ion Mass Spectroscopy、2次イオン質量分析法）も極表面の分析が可能である。イオンビームを照射した際に弾き出される2次イオンのスペクトルを解析することで元素や分子の同定ができる。破壊しながら測定するので深さ方向の分析もできる。

　次にあげた 3D-AP（3次元アトムプローブ）は試料を微細な針状（局率半径が 100nm 程度以下）に加工し、針の先端にかけた電界でイオンが蒸発するのをとらえ、元素同定を3次元的に行う。金属のみが対象の場合には実用化に近い域に達している。絶縁膜や半導体を含むものに対してはレーザ照射によるトリガを加えることで、実用化に向けての開発が行われている。

　最後にあげた顕微 FTIR は赤外光の分子での吸収を利用するもので、分解能が高くないためチップ部ではなく PKG 部の異物などの分子同定に利用されている。

　それぞれの手法の最高空間分解能の値を右端の欄に示した。観測条件だけでなくサンプルの種類や形態よっても異なるので目安としてみていただきたい。

2.3.4　形態・構造観察法

　表 2.5 に形態や構造を観察する方法・装置を一覧で示す。

　最初の3つが可視光を利用する方法である。実体顕微鏡と金属顕微鏡は、通常の可視光を利用し、試料の形状や色で異常を識別する。可視レーザを試料に走査しながら照射し、反射光をフォトダイオードで検出し、像を得るのが共焦点レーザ走査顕微鏡（LSM）である。実体顕微鏡は、分解能が低いが立体的観察ができるので、PKG 部の観察に用いられる。金属顕微鏡と LSM は分解能が高いのでチップ部の観察に用いられる。なお、共焦点方式では共焦点（反射光

表 2.5　形態・構造観察法・装置一覧

手法または装置	機能	物理的手段		
		試料への入力	観測対象	試料からの出力
実体顕微鏡	PKG 部の観察	可視光	形状・色	可視光
金属顕微鏡	チップ部の観察			
共焦点レーザ走査顕微鏡		可視レーザ		
赤外顕微鏡	チップ裏面からの観察	赤外光	形状	赤外光
共焦点赤外レーザ走査顕微鏡		赤外レーザ		
SEM	PKG・チップ部の観察	電子ビーム		2 次電子
EBSP	結晶構造観察（SEM ベース）		結晶構造	反射電子
TEM	チップ部の観察		形状・結晶構造	透過電子
STEM			形状	
SIM		イオンビーム	形状・結晶構造	2 次電子
ナノレベル X 線 CT*	チップ内部の非破壊観察	X 線	形状	透過 X 線
X 線透視法	PKG 内部の非破壊観察			
X 線 CT				
超音波探傷法		超音波	形状・剥離	反射超音波

＊が付いたものは開発段階または未普及

が焦点を結ぶ位置）の直後にピンホールと光検出器を置くことで、迷光の検出を防ぐなどして高分解能かつ光感度の像を得ている。

　次の 2 つは赤外光を用いる方法でチップ裏面からの観測が可能である。特に、共焦点赤外レーザ走査顕微鏡(IR-LSM)は、IR-OBIRCH 法のベースになる装置として広く用いられている。最近ではエミッション顕微鏡のベースになる装置としても用いられている。

　次の 4 つは電子ビームを照射し形状や構造を観測するものである。SEM は、電子ビーム走査時に発生する 2 次電子を検出して像を得る。EBSP (Electron

Backscatter Diffraction　Pattern）は、電子ビーム照射時に反射電子から得られる情報を元に照射点ごとの結晶方位を同定し、マッピングする方法である。

TEM と STEM は、透過電子を利用するが、TEM では光学像と同様の結像原理で形状の情報が得られるだけでなく、電子線回折による結晶構造の情報も得られる。STEM では、細く絞って電子ビームを走査するため回折による情報を含まない形状や組成を反映した像が得られる。近年、形状のみを高空間分解能観察する目的での観測が多いため、STEM 専用機も多く使われるようになってきている。また、X 線 CT と同様の原理で TEM 像を CT で 3 次元化して観察することも行われている。

SIM は、FIB 装置の観測機能である。イオンビームを照射した際発生する 2 次電子（や 2 次イオン）をベースに走査像を得る。電子ビームによる像（SEM 像）に比べ、結晶構造や物質差を反映したコントラストが強く得られる。

最近数十 nm オーダーの X 線 CT（コンピュータ断層撮影）が開発され、チップの解析に使える可能性がでてきている。

以上は、（最初の実体顕微鏡を除くと）LSI チップの観察用の手法であったが、以下に PKG 内部を非破壊で観察する方法についてみる。

まず、X 線を使う方法は通常の X 線透視法と X 線 CT 法がある。通常の X 線透視法では影になって見えない異常も X 線 CT で 3 次元的に観察することで、異常部を見逃す確率が減る。

次の超音波探傷法（走査型超音波顕微鏡法の低周波のもの）は、超音波を走査しながら反射してきた超音波を像にして観察する方法である。超音波が固体と気体の界面で反射する際、位相が反転する現象により剥離やクラックが有効に検出できる。

2.3.5　加工法

故障解析を実施する際、ほとんどの場合はなんらかの加工を行う必要がある。表 2.6 に主に使われる**加工法**を一覧で示す。

最初の 3 つが PKG 部の加工に関するものである。PKG 部に異常がありそうな場合は、PKG の切断や研磨を行う。樹脂に埋め込むなどして周囲を固め、切断により観測したい近傍まで接近し、詳細な位置だしは研磨により行う。

表 2.6 加工法・装置一覧

機能	手法または装置	使用薬品材料など	利用する現象
PKG の切断・研磨	切断機・マニュアル研磨	研磨剤など	機械的研磨など
樹脂封止 PKG の開封	マニュアル開封・自動開封	発煙硝酸など	化学的分解など
気密封止 PKG の開封	マニュアル開封・自動開封	ニッパー・グラインダーなど	機械的変形・研磨など
チップの(平面・断面)研削・研磨	マニュアル・研削/研磨機	研磨剤など	機械的研磨など
	FIB	Ga イオン源など	イオンスパッタリングなど
ダメージ層除去	低加速 FIB/Ar ビーム	Ga イオン源など	イオンスパッタリングなど
チップ上の絶縁膜除去	RIE	SF_6 など	物理化学的プラズマエッチング
チップ上回路修正	FIB	アシストガスなど	金属・絶縁膜デポ

　チップ部の観測を行う際にチップの表面か裏面を露出するためには、PKG の開封(一部除去)を行う。樹脂封止 PKG の場合は発煙硝酸や熱濃硫酸などで樹脂を溶かすことでチップ部を露出させる。セラミック PKG や金属 PKG の場合は、蓋になっているセラミックや金属を機械的にニッパーやグラインダを用いて取り除く。

　チップ部の欠陥に接近するには、平面研削・研磨や断面研削・研磨を行う。

　研削・研磨器を用いて行う場合は研磨剤の荒さを徐々に細かくしながら、顕微鏡下で確認しながら実施する。

　FIB 装置を用いる場合もイオンビームの太さを徐々に細くしながら、最終仕上げまでもっていく。TEM の試料作製を通常の加速電圧(30kV 程度)条件で行うと、表面にダメージ層(アモルファス層など)ができるので、高精度な観測を行うためには、それを除去するために低加速の Ga イオンや Ar イオンでスパッタすることも必要である。

　チップ上で絶縁膜だけ除去したい場合は RIE(反応性イオンエッチ)法が用いられる。

　チップ上の回路の修正は電気的に観測するための電極を取り出したり、故障

を修復したりするために行う。FIBはミリングに用いられるだけでなく堆積にも用いられる。各種アシストガスを吹きつけながらFIBを照射することで金属膜や絶縁膜の堆積を行う。

2.4 パッケージ部の故障解析

パッケージ部の故障解析に利用する手法・装置一覧を表2.7に示す。主な機能、何をサンプルに入力して、何をみて、何を出力するかを示してある。また、入出力の媒体と最高空間分解能も記した。最高空間分解能は多くの条件に左右されるので、あくまでも目安としてみていただきたい。

2.4.1 X線透視、X線CT（コンピュータ断層撮影）

最初の**X線透視**とその次の**X線CT**(Computed Tomography、コンピュータ断層撮影)はX線をサンプルに照射し、透過したX線の強度からサンプルの内部構造(形状)を観察する。サンプルは空気中でよく、最高空間分解能は$1\mu m$のオーダーである。X線CT像は図2.12に示すようにサンプルを回転させながら何枚もの像を取得後、コンピュータで3次元像を構築することで得られる。

表2.7 パッケージ部の故障解析に用いる主な手法・装置一覧

手法または装置	機能	物理的手段			入出力の媒体	最高分解能(オーダー)
		試料への入力	観測対象	試料からの出力		
X線透視法	PKG内部構造の非破壊観察	X線	形状	透過X線	空気	$\sim 1\mu m$
X線CT						
超音波探傷法		起音波	形状・剥稚	反射超音波	水	$\sim 10\mu m$
ロックイン利用発熱解析法	発熱部の3次元的位置の観測	パルス状電圧	発熱	パルス状赤外線	空気	$\sim 1\mu m$
走査SQUID顕微鏡	電流経路の観測	電流	電流経路	磁場	空気	$\sim 10\mu m$

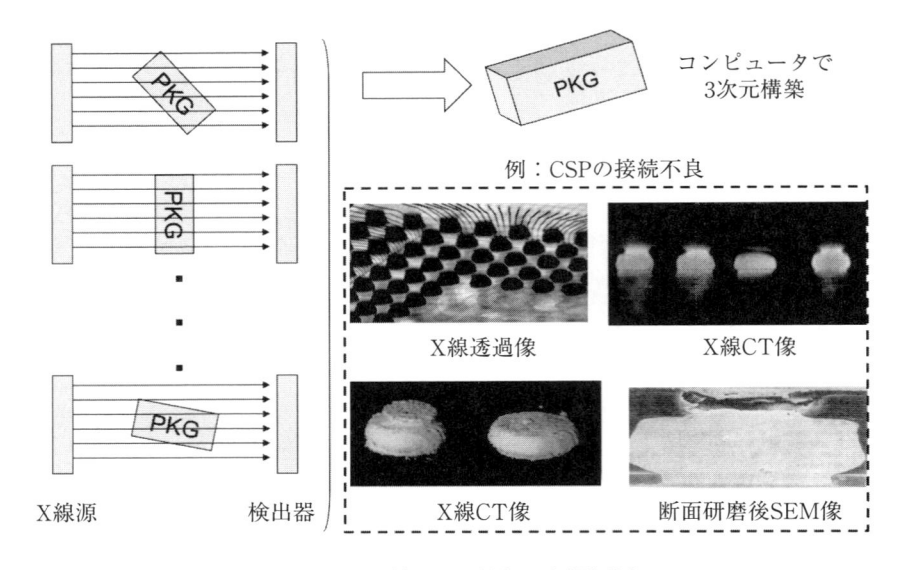

図 2.12　X 線 CT の仕組みと観測例

2.4.2　超音波探傷法（走査超音波顕微鏡法）

表2.7で3番目に示す**超音波探傷法（走査超音波顕微鏡法）**は、超音波を用いてサンプルの内部構造を非破壊で観察する方法である。図2.13に示すように、サンプルは水の中に入れ、ピエゾトランスジューサーから出た超音波ビームの反射を検出し、サンプルを走査することで像を得る。超音波の周波数は15MHzから300MHz程度であり、75MHzの場合空間分解能は$40\mu m$程度である。剥離やクラックは固体・気体の界面での反射で位相が反転するためX線透視に比べ検出しやすい。

2.4.3　ロックイン利用発熱解析法

表2.7で4番目に示す**ロックイン利用発熱解析法**は、他の解析手法と異なり、パッケージだけでなく、チップ部の解析にもある程度利用可能である。パッケージ状態から解析を開始できるため、ここに分類した。比較的、最近実用化された手法であるため、ユーザでの事例はまだあまり公表されていない。図

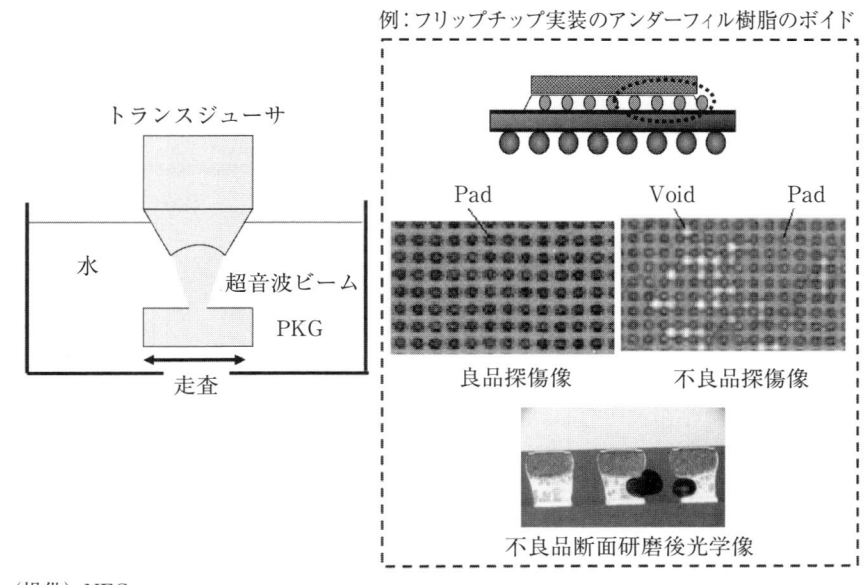

第 2 章　LSI 故障解析技術概論

（提供）NEC
図 2.13　超音波探傷装置（走査超音波顕微鏡）の構成と観測例

2.14 に、その構成と観測例を装置メーカの発表から紹介する。ロックイン利用発熱解析法は、メーカにより呼び方が異なり、**ロックイン（赤外線）サーモグラフィ**、あるいは**サーマルロックイン法**と呼ばれている。

図 2.14(a) に構成例を示す。①はロックイン（Lock-in）法を利用するための基準信号、②はその基準信号と同じ周波数で変調された電源電圧、③はその結果発熱部から発せられたその周波数で変調された赤外線、④は赤外カメラで検出した結果の電気的信号である。この信号をロックインアンプで検波し画像表示することで、S/N を向上させた画像が得られる。

図 2.14(b) に、赤外カメラでの画像をロックイン法で取得した場合とロックイン法を利用しなかった場合を比較して示す。明確な差がみてとれる。ロックイン法を用いることで、位相情報（時間遅延）を得ることができる。この位相情報を用いることで、発熱箇所から検出箇所までの距離情報が得られる。

図 2.14(c) はパッケージに埋もれた発熱部からパッケージ表面までの距離と

59

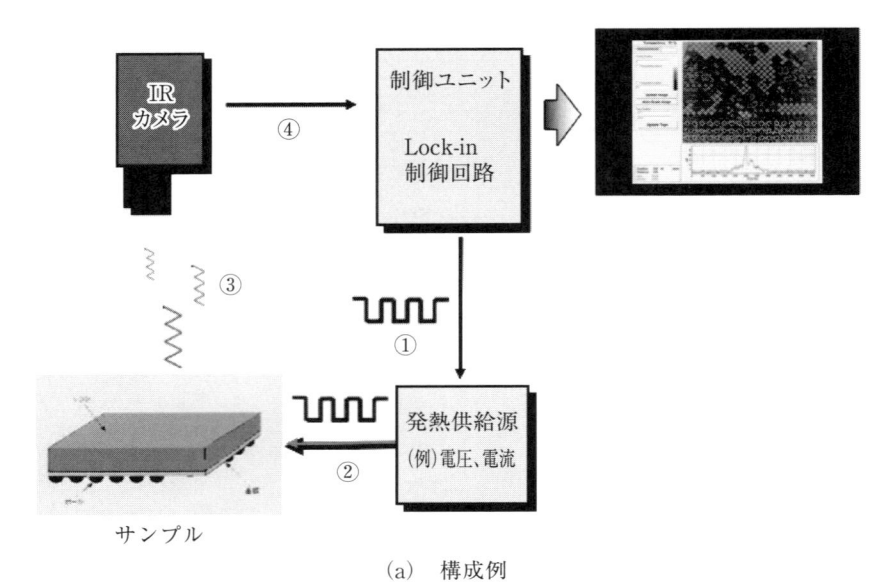

(a) 構成例

(出典) © LSI テスティング学会 2010、長友俊信、一宮尚至、茂木忍、「ロックイン赤外線サーモグラフィー（ELITE）のご紹介」、第 30 回 LSI テスティングシンポジウム会議録、p.123、図 7（2010）

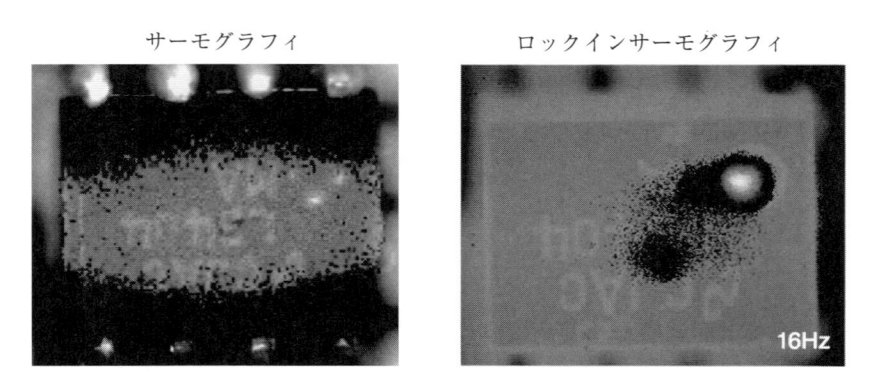

サーモグラフィ　　　　　　　　　ロックインサーモグラフィ

(b) ロックイン法を用いない場合と用いた場合の像の比較例

(出典) © LSI テスティング学会 2010、長友俊信、一宮尚至、茂木忍、「ロックイン赤外線サーモグラフィー（ELITE）のご紹介」、第 30 回 LSI テスティングシンポジウム会議録、p.123、図 5

図 2.14　ロックイン利用発熱解析法の構成と観測例（1/2）

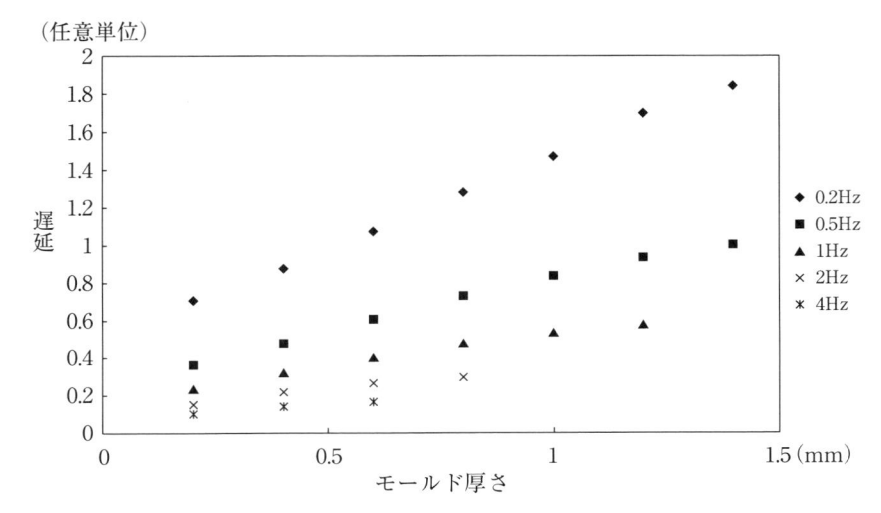

(c) パッケージの厚さ(深さ)とロックイン信号の位相との関係を示した例

(出典) 内山裕隆、中村共則、平井伸幸、「サーマルロックインによる積層ICの故障解析」、第23回半導体ワークショップ講演資料、図3(2010)

図2.14 ロックイン利用発熱解析法の構成と観測例(2/2)

遅延時間の関係を観測した結果である。この結果から、遅延時間を観測することで、パッケージ表面からの距離が推測できることがわかる。

この2例の結果から、パッケージ表面からの観測でも、深さを含めた発熱箇所が絞り込めることが期待できる。上記のデータは単純な構造での観測結果である。実際の3次元デバイスのような複雑な構造への応用ははじまったところである。

2.4.4 走査SQUID顕微鏡

表2.7の最後に示した**走査SQUID顕微鏡**は、超高感度の磁束計であるSQUID磁束計を用いて電流が発生する磁場を観測する。SQUID(スクゥィド)はSuperconducting Quantum Interference Device(超伝導量子干渉素子)の略である。ここで用いているSQUID磁束計は、DC-SQUIDを呼ばれるもので、

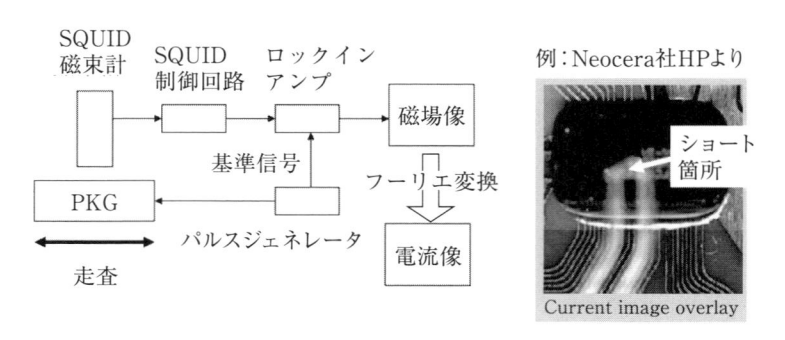

図 2.15　走査 SQUID 顕微鏡の構成と観測例

　高温超伝導体のリングの 2 箇所にジョセフソン接合を形成することで、磁束量子単位での磁束の出入りが計測できる。さらに、電子回路で磁束量子の数万倍程度以下の微小な磁場が検出できる。磁場強度でいうと、pT（ピコテスラ、地磁気より 8 桁低い）程度の感度がある。

　走査 SQUID 顕微鏡でパッケージ内に流れる電流を観測する際の構成の概略と観測例を図 2.15 に示す。パルスジェネレータで PKG の 2 端子間にパルス電流を流す。その電流が作る磁場を SQUID 磁束計で検出し、ロックインアンプを通してパルス電流と同じ周波数成分のみを取り出すことで S/N を上げた磁場像を表示する。磁場像をフーリエ変換することで電流像が得られる。電流経路からショート箇所が絞り込める。電流像の空間分解能は最高値として $20\,\mu\mathrm{m}$ 程度の値が報告されている。

2.5　チップ部の故障解析

　この節では、チップ部の故障解析に用いられる技術・手法・装置などについて個々に解説する。まず全体を見ておこう。全体の解析フローを図 2.16 に示す。基本は「非破壊から破壊へ」である。非破壊絞り込み段階では、まず故障診断（電気的測定とソフトのみ利用）を行い、その後物理的手法に移る。現状では、まだ故障診断を省略する場合も多い。物理的手法の主なものは IR-OBIRCH 法、エミッション顕微鏡法、EB テスタ法である。

　非破壊絞り込み段階である程度絞り込めたら、破壊解析に入る前に、半破

```
┌─────────────────┐   ┌─────────────────┐   ┌─────────────────┐
│   非破壊絞り込み   │   │   半破壊絞り込み   │   │    破壊解析     │
│ ┌────┐ ┌──────┐ │   │ ・電位コントラスト│   │ ・FIB          │
│ │故障│⇒│物理的│ │ ⇒ │ ・RCI(EBAC)    │ ⇒ │ ・SEM          │
│ │診断│ │手法  │ │   │ ・ナノプロービング│   │ ・TEM/STEM     │
│ └────┘ │・IR- │ │   │   など          │   │ ・EDX          │
│        │OBIRCH│ │   └─────────────────┘   │ ・EELS         │
│        │・エミッ││                         │   など          │
│        │ション ││                         └─────────────────┘
│        │顕微鏡 ││
│        │・EBテ ││
│        │スタ   ││
│        │など   ││
│        └──────┘│
└─────────────────┘
```

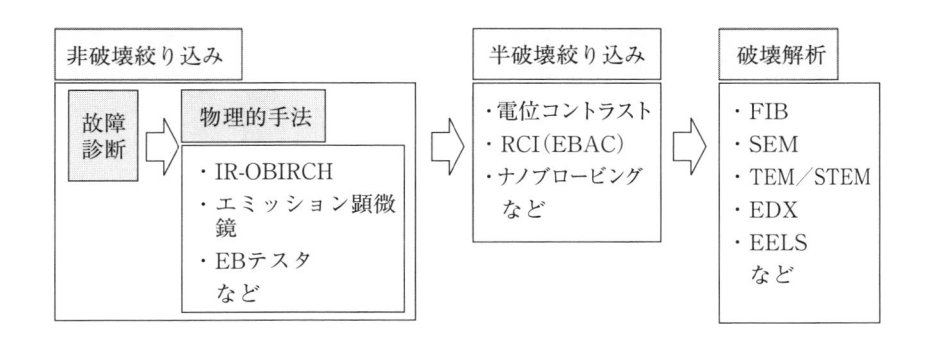

図 2.16　チップ部の故障解析フロー概要

壊絞り込み手法でより詳細に絞り込む場合が増えている。半破壊絞り込み段階で用いる手法は SEM の電位コントラスト法、RCI(EBAC)法、ナノプロービング法などである。最後に、破壊解析（物理化学的解析）に移る。FIB は断面出しなどの前処理に使用される。SEM、TEM/STEM で形態や構造を観察し、EDX や EELS で元素分析などを行う。

2.5.1　非破壊絞り込み手法

非破壊絞り込み手法・装置の全体を表 2.8（p.65）に示す。日常的によく用いられている物理的手法は、OBIRCH 法、エミッション顕微鏡法、電子ビームテスタ法の 3 種類である。最近利用頻度が増している故障診断もここに分類できるが、本書では、仕組みまでは述べない。後で、事例を紹介するにとどめる。

OBIRCH 法とエミッション顕微鏡法では、サンプルを空気中に設置して観測できるが、電子ビームテスタ法ではサンプルは真空中に設置する必要がある。また、近年重要性が増しているチップ裏面からの解析は、OBIRCH 法とエミッション顕微鏡法では容易に実施できるが、電子ビームテスタ法では前処理に多大な手間がかかる。

電子ビームテスタ法の有利な点は、空間分解能である。他の 2 手法ではサブミクロン程度であるが、電子ビームテスタでは 100nm 程度である。ただ、

OBIRCH 法やエミッション顕微鏡法でも、固浸レンズを用いることで数倍分解能が向上する。

(1) IR-OBIRCH

OBIRCH 法は、レーザビームで加熱することを基本としている点で他の光利用手法と大きく異なる。レーザの波長として 1.3μm のものを用いる OBIRCH 法を特に IR-OBIRCH 法と呼んでいる。ここでは IR-OBIRCH 装置を用いることで可能となる機能全体について述べる。

① IR-OBIRCH 法の基礎

詳細な説明に入る前に表 2.9 で OBIRCH 法とその派生法の機能の全体を見ておく。主な機能は電流経路の可視化、ボイド・析出物の検出、高抵抗箇所の検出、ショットキー接合部の検出、回路・トランジスタ温度特性異常応答の検出である。ショットキー接合箇所の検出以外の機能は、レーザの加熱作用による効果である。電流経路の可視化は、電流経路にレーザが照射されたときのみ抵抗変化が起き、外部から電流変化が検出できることで可能となる。ボイドや析出物は、その存在によりレーザビーム照射時の温度が正常箇所より高くなるため、その箇所が検出できる。

高抵抗箇所の検出の原理は、2 通りある。1 つは高抵抗遷移金属合金が負の TCR（通常の金属は正の TCR）を示すことから検出できる。また、高抵抗箇所の両端では熱起電力電流の流れが逆向きであることからその箇所が検出できる。ショットキー障壁があると内部光電効果により電流が流れるため、その箇所が検出できる。回路やトランジスタの温度特性異常に起因した効果も見ることができる。

図 2.17 に、OBIRCH 法の構成の概要を示す。OBIRCH 法は、レーザビーム照射の加熱による抵抗変化を可視化する方法である。抵抗変化を検出するには図に示すように定電圧をかけ電流変化を検出する方法と、定電流をかけ電圧変化を検出する方法がある。どちらの方式がいいかは、多くの要因に左右されるので、両方備えておき比較しながら観察すると最良の結果が得られる。

OBIRCH 効果（OBIRCH 法における加熱効果）を式で説明すると以下のようになる。電流変化の値は、図 2.17 中の式（オームの法則から導かれる）で示す

第 2 章　LSI 故障解析技術概論

表 2.8　LSI チップ上の故障箇所絞り込みに用いる主な非破壊手法・装置一覧

手法または装置	機能	試料への入力	物理的手段 観測対象	試料からの出力	入出力の媒体	チップ裏面からの解析	最高分解能(オーダー)
OBIRCH	電流経路の可視化、各種欠陥の検出	電気信号、レーザビーム	抵抗変化	電流変化、電圧変化	空気	容易に可能	～1μm*
エミッション顕微鏡	異常発光箇所の検出	電気信号	キャリア再結合、熱放射	発光	真空	前処理に多大な手間	～100nm
電子ビームテスタ	配線電位の直接観測	電気信号、電子ビーム	電位	2次電子	—	—	—
故障診断	LSIテスタによる測定結果とLSI設計データから故障箇所を絞り込む	—	—	—	—	—	単一ネット

＊固浸レンズを使用すると数倍よくなる。

表 2.9　OBIRCH 法と派生手法の主な機能一覧

機能	レーザの作用	異常検出のメカニズム
電流経路可視化	加熱	電流経路にレーザが照射されたときのみ電流変化
ボイド・析出物の検出	加熱	正常箇所より温度上昇大
高抵抗箇所の検出	加熱	高抵抗遷移金属合金の負のTCR
		熱起電力効果
ショットキー接合箇所の検出	キャリア励起	ショットキー障壁による内部光電効果
回路の温度特性異常応答検出	加熱	回路の局所加熱による異常応答
トランジスタの温度特性異常応答検出	加熱	トランジスタの局所加熱による異常応答

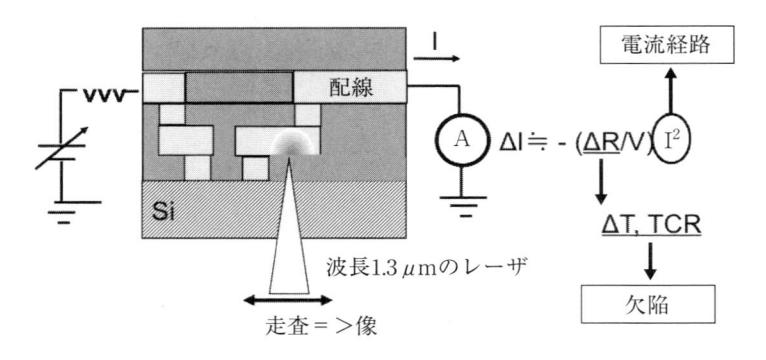

図 2.17　OBIRCH 法の構成概要

ように抵抗変化の項と電流の項を含んでいる。電流の項があるため電流経路が可視化できる。抵抗変化の項は温度上昇の項と抵抗の温度係数（TCR）の項を含んでいるため、温度上昇の異常を起す欠陥や TCR の異常のある欠陥が可視化できる。レーザの波長としては 1.3 μm のものが用いられることが多い。

　1.3 μm の波長を用いる理由を図 2.18 に示した。まず、1.3 μm の波長の光を用いると Si 基板を透過するという特徴がある。次に、光電流を発生しないという特徴がある。OBIRCH 法利用の初期のころ（1990 年代前半）は、配線 TEG が対象の場合には 633nm の波長のレーザを用い、チップ表面側から観測していた。1.1 μm 程度以下の波長のレーザを実デバイス（配線 TEG でないという意味）に照射すると光電流が発生し、それが OBIRCH 効果（レーザ加熱による抵抗変動効果）を遮蔽する。1.3 μm の波長の光では光電流が発生しないため OBIRCH 効果が遮蔽されない。熱起電力効果は無バイアスにすることで 633nm の波長のレーザでも観測できるが、1.3 μm の波長では、光電流による遮蔽がないので、そのような配慮も不要である。ショットキー障壁における内部光電効果は 1.3 μm の波長を使うことで、光電流による遮蔽に妨害されずに観測できる。以下で個々の点に付いて詳述する。

　図 2.19 に、光の透過率と波長との関係を示す。透過率は不純物濃度と Si 厚に依存する。ここでは大まかな傾向を示した。まず 1.0 μm 以下ではほとんど透過しない。1.0 μm 以上では透過率は急激に上昇し、最大値は 1.1 μm と 1.2

光電流を発生しない ⇒ ｛ OBIRCH効果が遮蔽されない
熱起電力効果が見やすい
ショットキー効果が遮蔽されない

Si基板

Si基板を透過する

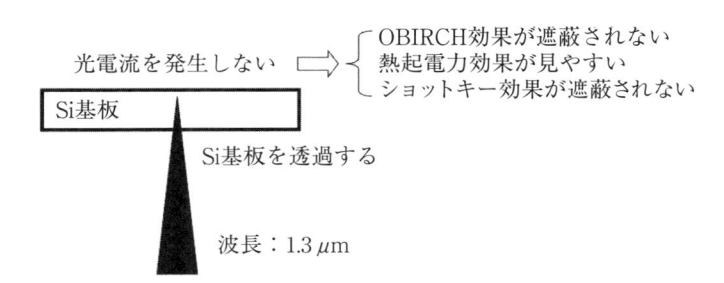

波長：1.3μm

図2.18　1.3μmの波長のレーザを使う理由

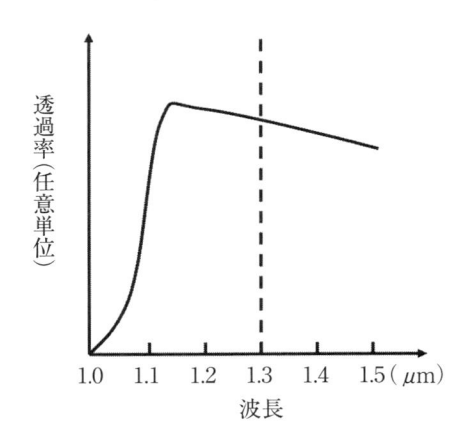

図2.19　Siに対する光の透過率の波長依存性概要

μmの間にあり、その後、波長が長くなると徐々に減少する。

　図2.20には、初期のころOBIRCH法に用いられていた633nmの波長の光を用いると光電流が発生する理由を示す。ひとことで言うと、波長633nmの光のエネルギーは1.96eVでありバンドギャップの1.12eVより大きいためである。このため633nmの光をSiに照射すると電子・正孔対が生成され、電子が伝導体に励起される。電子・正孔対が生成された箇所近傍に電界がかかっていなければ再結合により電流は流れない。外部から電界をかけ、電子・正孔対が発生した箇所近傍に電界がかかっている場合は電子・正孔対は外部印加電界によりドリフトし光電流が流れる。外部から電界をかけていなくてもp-n接合や不純物濃度勾配がある箇所では内部電界が存在するので、電子・正孔対はその

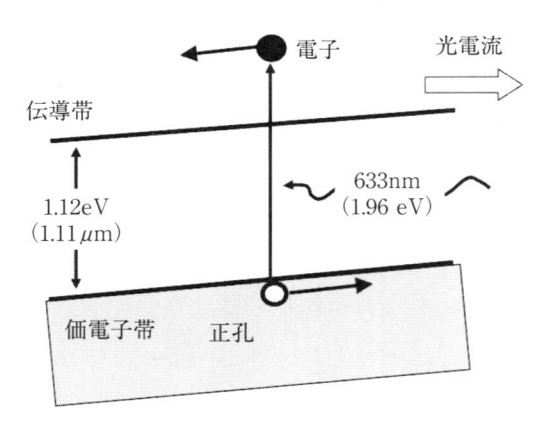

図 2.20 633nm の波長で光電流が発生する理由

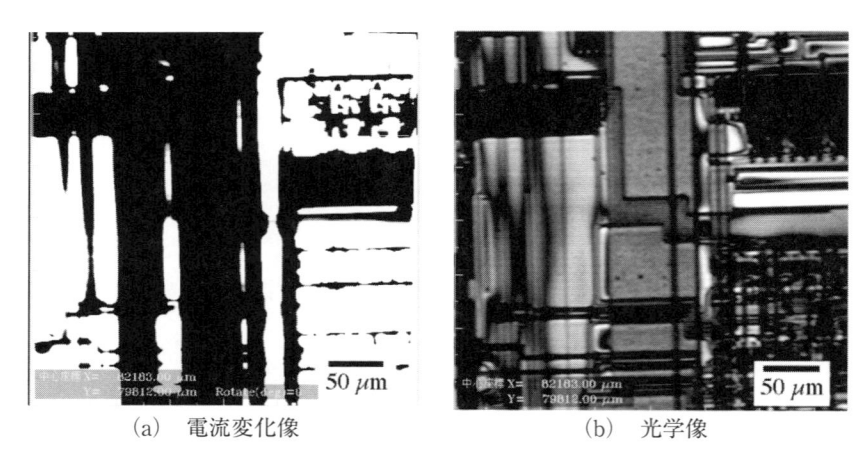

(a) 電流変化像　　　　　　　　　　(b) 光学像

図 2.21 光電流による OBIRCH 効果の遮蔽：633nm、表面側からの観測

内部電界によりドリフトし、光電流が流れる。

　波長 633nm を用いた OBIRCH 法は、配線 TEG には有効に利用できるが、実デバイスに適用しようとするとこの光電流が邪魔をする。その様子を図 2.21 に示す。図 2.21(a) の電流変化像には光電流の効果と OBIRCH 効果が両方表れているはずであるが、後で説明する図 2.23(a) の像では見える電流経路は見えず、光電流による明るいコントラストのみが見える。このことから、光電流信

号の方が OBIRCH 効果信号よりも圧倒的に強いため、光電流信号が OBIRCH 効果信号を遮蔽していることがわかる。昼間の太陽の下では星が見えないようなものである。

図 2.22 を参照して、1.3μm の波長を用いると光電流が発生しない理由を説明する。1.3μm の波長の光のエネルギーは 0.95eV であり、Si のバンドギャップエネルギー 1.12eV より小さい。また、不純物準位間の 1.03eV よりも小さい。このため電子・正孔対生成による光電流は発生しない。

図 2.23 は 1.3μm の波長のレーザを用いた際には光電流による OBIRCH 効果の遮蔽はないことを示している。図 2.23(a) の電流変化像に光電流の信号はなく、OBIRCH 効果による電流経路（黒いコントラスト）と負の TCR 箇所（白いコントラスト）が見える。

② **IR-OBIRCH 法による電流経路の可視化**

次に図 2.24 を参照しながら電流経路が可視化できる仕組みをより具体的に説明する。簡単のために 2 本の配線に注目した図を記す。1 本の配線は電源に接続され、他の配線は GND に接続されている。2 本の配線はショート欠陥でショートされている。このような状況で電源に定電流源を接続し、レーザビームを照射しながら電圧変化を像表示すると図 2.24 の右側の図のように電流経路が可視化される。これは、レーザビームが電流経路の配線に照射されたとき

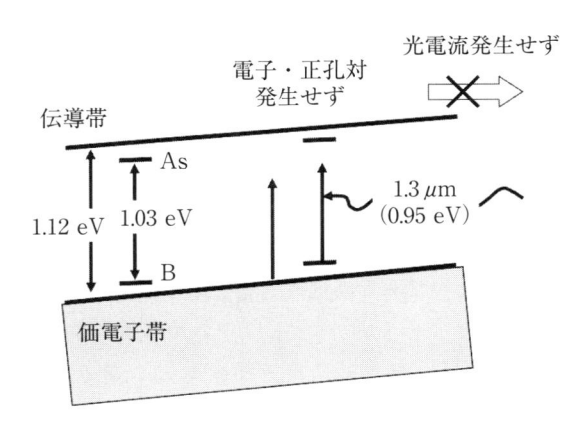

図 2.22　1.3μm の波長では光電流が発生しない理由

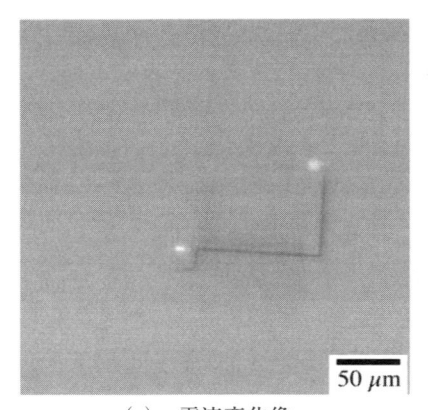

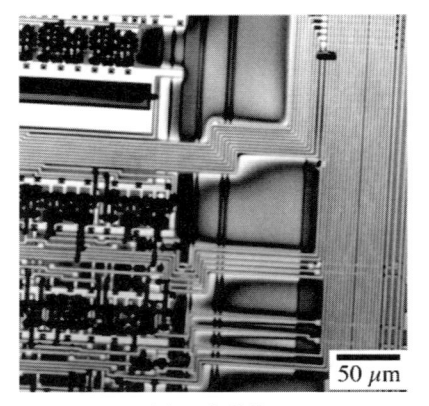

(a) 電流変化像　　　　　　　　(b) 光学像

図 2.23　光電流による OBIRCH 効果の遮蔽なし：1.3μm、裏面観察

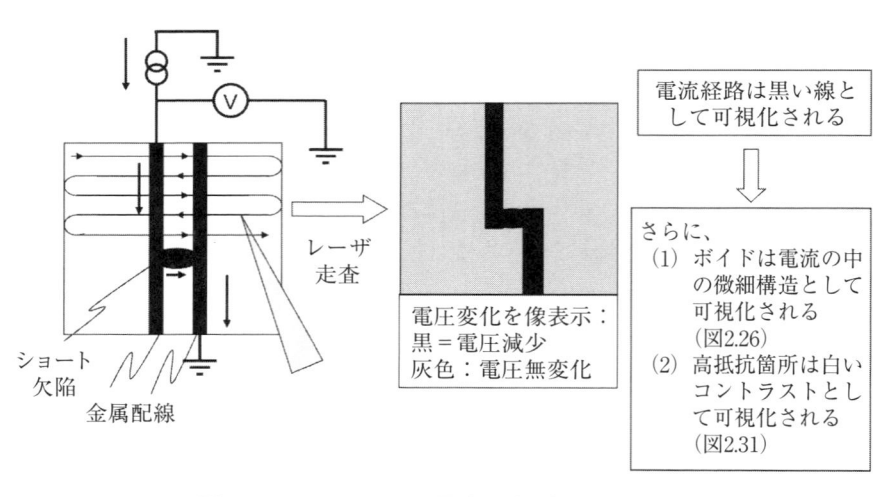

電流経路は黒い線として可視化される

↓

さらに、
(1) ボイドは電流の中の微細構造として可視化される（図 2.26）
(2) 高抵抗箇所は白いコントラストとして可視化される（図 2.31）

レーザ走査

電圧変化を像表示：
黒＝電圧減少
灰色：電圧無変化

ショート欠陥
金属配線

図 2.24　OBIRCH での電流経路可視化の仕組み

のみ電圧変化が起きるためである。定電流源と電圧計測の組合せでなく、定電圧源と電流計測の組合せでもよい。 さらに、ボイドは電流経路の中の微細構造として可視化される（図 2.26 を元に後で詳述）。また高抵抗箇所は白いコントラストとして可視化される（図 2.31 を元に後で詳述）。

図 2.25 に IR-OBIRCH を用いて実デバイス（配線 TEG でない）において異常

光学像

IR-OBIRCH像

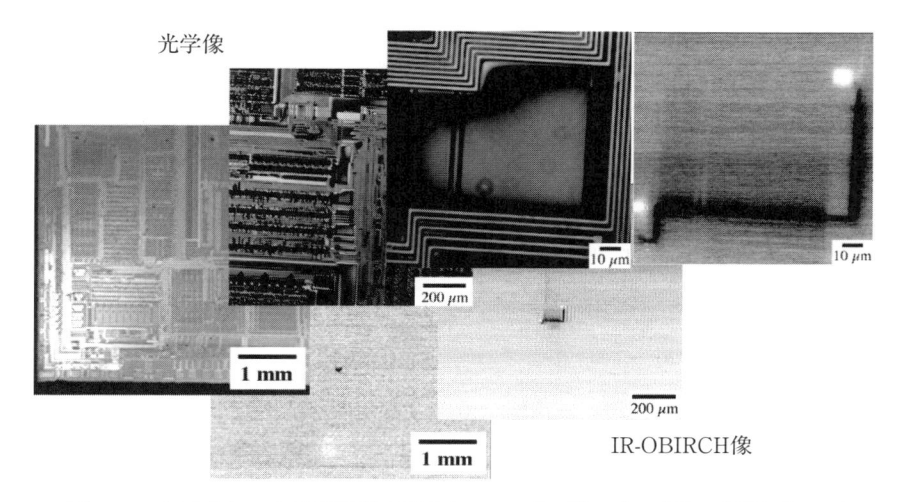

図 2.25　実デバイスでの異常電流経路とショート箇所絞り込み実証：世界初(1996)

電流経路とショート箇所の絞り込みができることを世界ではじめて実証した実験結果を示す。ショート欠陥は FIB により作り込んだ。チップ全体から異常電流経路とその元になったショート欠陥を絞り込めることを示した。

③　**IR-OBIRCH 法によるボイドや析出物の検出**

図 2.26 に OBIRCH 法でボイド(空洞)が可視化される仕組みを示す。簡単のために 1 本の配線に注目して図示した。両端が電源と GND に接続されている。このような状況で電源に定電流源を接続し、レーザビームを照射しながら電圧変化を像表示すると右上図のように電流経路が可視化される理由は図 2.24 で説明した。この配線の一部(場所 2)にボイドが存在すると、場所 1 の正常なところと温度上昇の程度が異なるため、電流経路の微細構造として、黒いコントラストが得られる。

図 2.27 に OBIRCH 法を用いて電流経路とボイドが可視化できることを世界ではじめて実証した実験結果を示す。サンプルは配線 1 本のエレクトロマイグレーション試験用の TEG である。エレクトロマイグレーション試験で発生したボイドがどこに存在するかをパシベーション膜が付いたまま非破壊で検出する方法はそれまでなかった。OBIRCH を用いることで、これがはじめて

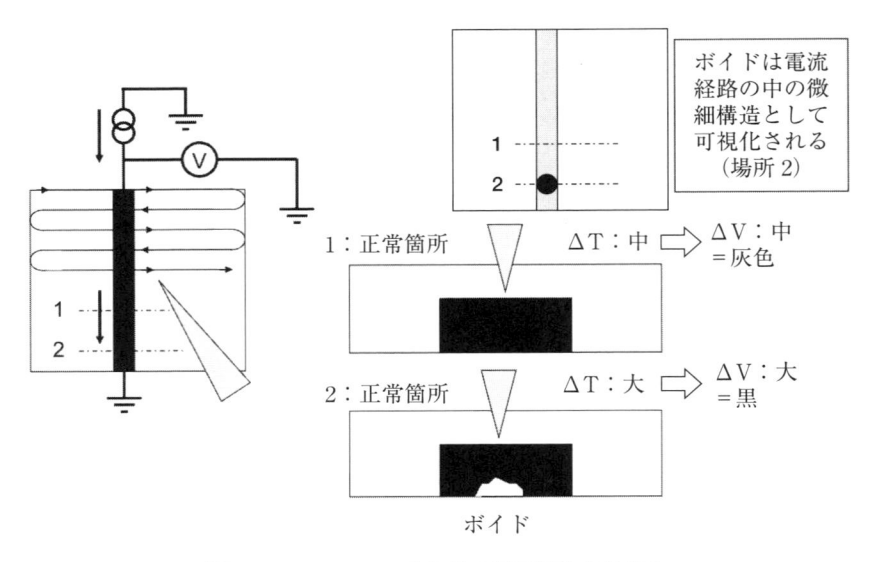

図 2.26　OBIRCH でのボイド可視化の仕組み

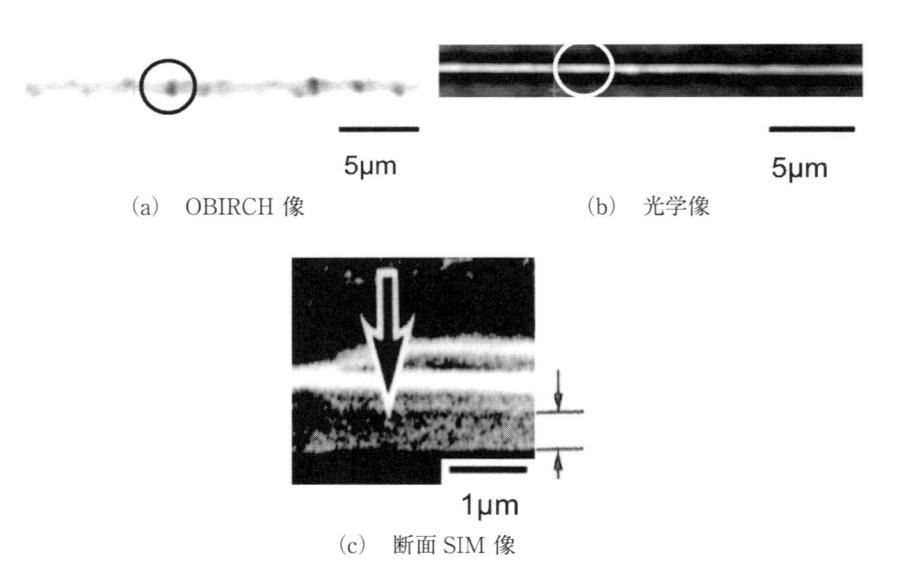

(a)　OBIRCH 像　　(b)　光学像

(c)　断面 SIM 像

図 2.27　OBIRCH での電流経路とボイドの可視化実証：世界初(1993)

可能になった。図 2.27(a) の OBIRCH 像を見るとボイドが多数存在していることがわかる。この中から OBIRCH 像のコントラストは強いが図 2.27(b) の光学像ではコントラストが得られていない箇所（写真中丸印）を選んで、FIB での断面出しと観察を行った。図 2.27(c) がその結果の断面 SIM(Scanning Ion Microscope、FIB の顕微鏡機能)像である。配線の底部に微小なボイドが存在していることがわかる。

　OBIRCH 法を用いるとボイドだけでなく、析出物も検出できる。図 2.28 は OBIRCH 法を用いて Al 中 Si の析出が可視化できることを世界ではじめて実証した実験結果である。サンプルは Al-Si 配線である。図 2.28(a) の OBIRCH

(a) OBIRCH 像

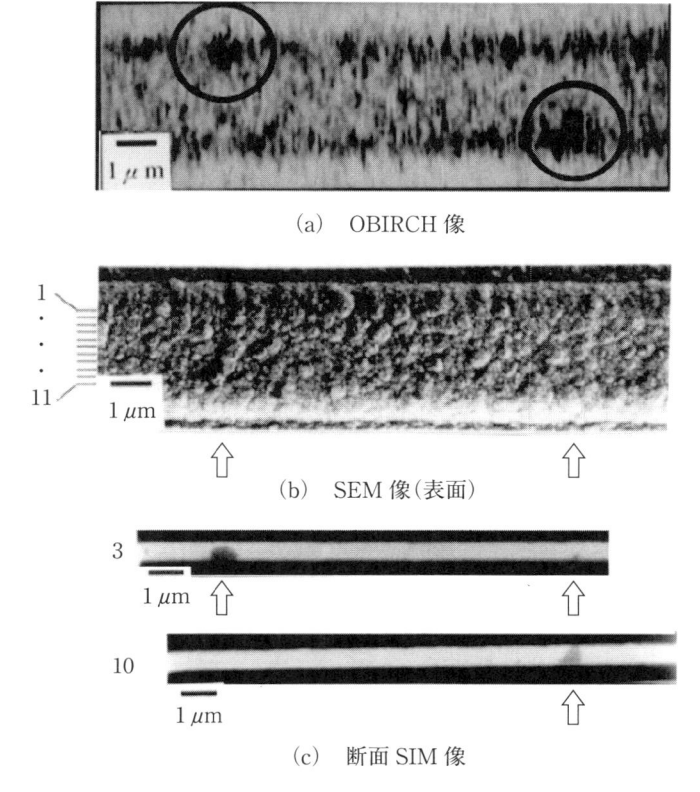

(b) SEM 像（表面）

(c) 断面 SIM 像

図 2.28　OBIRCH での Al 中 Si 析出可視化実証：世界初(1995)

像は通常と白黒を反転してある。黒丸で示したところに微細構造の異常コントラストが見える。図 2.28(a) と同じ箇所を同じ倍率で表面から SEM 観察した像が図 2.28(b) である。特に異常な点は見られない。そこで、図 2.28(b) の左側に 1 から 11 で示した箇所の断面出しを FIB で行い、SIM 像での観察を行った。その内、3 番目と 10 番目の断面で図 2.28(c) に示すように Si の析出が見られた。

　OBIRCH 法を用いると単純な配線中のボイドだけでなく、多層配線のビア下のボイドも検出できる。図 2.29 は、OBIRCH 法を用いてビア下のボイドが可視化できることを示した例である。サンプルは直線状のビアチェーン（2 層の配線間をビアで接続したもの）である。エレクトロマイグレーション試験の結果 OBIRCH 像で最もコントラストの強い箇所（図 2.29(a) の黒丸部）の断面を FIB で出し SIM 像で観察したのが図 2.29(b) である。図 2.29(b) ではビアの下に大きなボイドができている。このような大きなボイドでも OBIRCH 法以外の方法を用いた場合、非破壊で検出するのは非常に困難である。上層配線のコントラストはボイドではなくチャネリングコントラストと呼ばれるもので、結

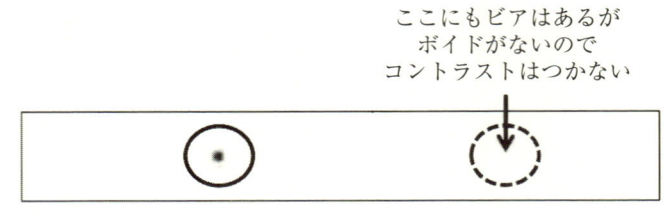

(a) OBIRCH 像

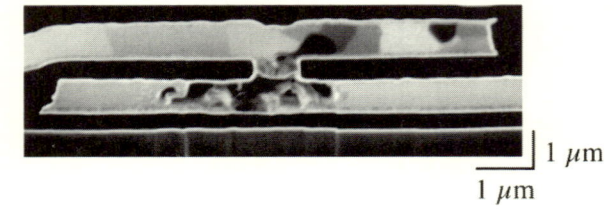

(b) 断面 SIM 像

図 2.29　OBIRCH でのビア下のボイドの可視化

晶粒（グレイン）の向きを反映したものである。このボイドは電流が流れていない箇所にもできている。このようなボイドのでき方については図 1.21 の説明を参照されたい。

　OBIRCH 法は光を用いているため空間分解能はサブミクロン程度が限界である。ただ分解せずに検出するだけなら、さらに小さなボイドも検出できる。図 2.30 に OBIRCH 法を用いて数十 nm の小さなボイドを検出した例を示す。サンプルは長さ 20mm、配線幅 100nm、配線間間隔 1μm のビアチェーン TEG である。図 2.30(a) の OBIRCH 像では全体が灰色に見える中、微細構造として黒い点々が多数見える。この中の 1 つ（黒丸印の箇所）の断面を FIB で出し SEM で観察したのが図 2.30(b) である。数十 nm の小さなボイドが可視化できていたことがわかる。なお、この TEG では配線幅は 100nm であるが配線間隔を 1μm と広めにし、OBIRCH 像で配線間を分解できるように工夫している。

④　IR-OBIRCH 法による負の TCR を利用した高抵抗箇所の検出

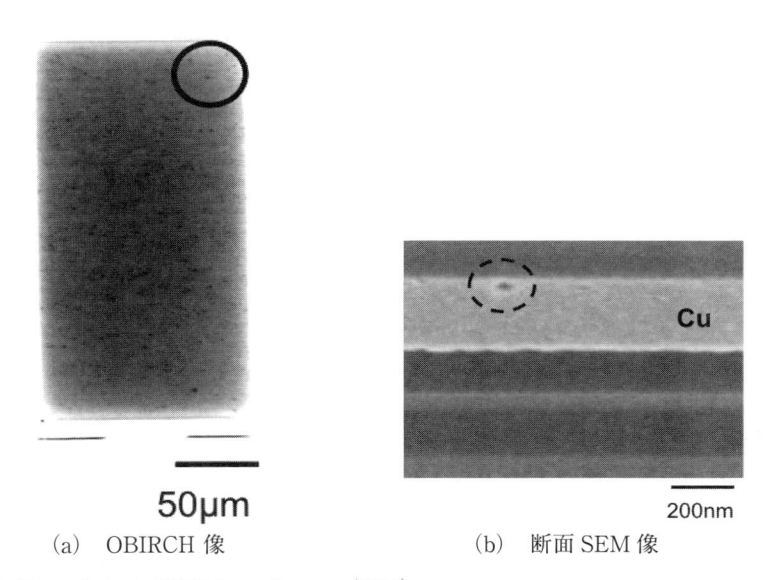

　　　　(a)　OBIRCH 像　　　　　　　(b)　断面 SEM 像

（出典）Tagami et al., SEMI Japan Sympo.(2002)
図 2.30　OBIRCH で銅配線中の極微小（数十 nm）ボイドが可視化できた例

OBIRCH 法で故障箇所の絞り込みを行っていると負の TCR を示す白いコントラストの箇所が多く見られることに気付く。これらの箇所には、高抵抗の遷移金属合金が形成されていることが多い。図 2.31 に OBIRCH で高抵抗箇所が白いコントラストとして可視化される仕組みを示す。図 2.31(a) に示すように遷移金属合金においては抵抗率と TCR(抵抗の温度係数)の間には負の相関があり、抵抗率が $100 \sim 200\,\mu\Omega\,\mathrm{cm}$ 以上で TCR が負になる。LSI の故障箇所で高抵抗のところは Ti や Ta などの遷移金属の合金が異常状態になったものが多く負の TCR を示す場合が多い。通常の OBIRCH 装置の設定では正の TCR (Cu や Al) は黒く表示するため、負の TCR の箇所は白く表示される。図 2.31 (b) はその一例で、Ti がアモルファス状態の高抵抗の合金を形成したため高抵

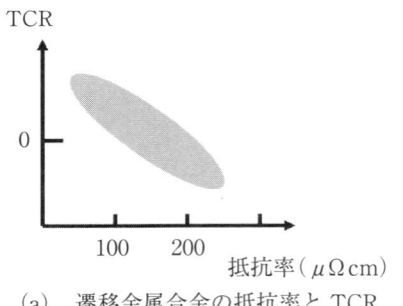

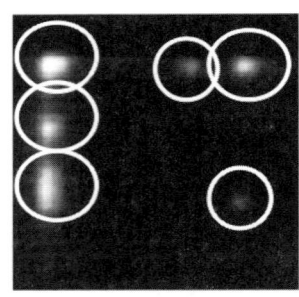

(a) 遷移金属合金の抵抗率と TCR　　(b) OBIRCH 像

図 2.31　高抵抗箇所が白コントラストを示す理由

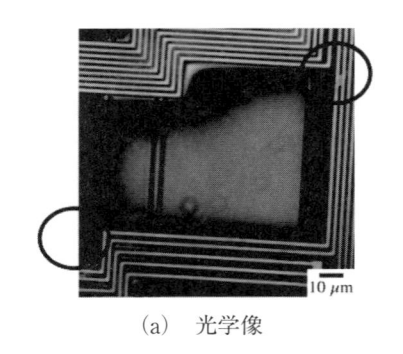

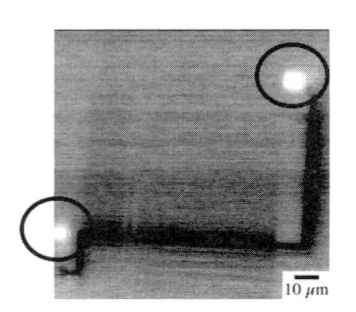

(a) 光学像　　(b) IR-OBIRCH 像

図 2.32　IR-OBIRCH での実デバイス高抵抗箇所可視化：世界初 (1996)

抗になった箇所が白いコントラストで示された例である。

図 2.32 は IR-OBIRCH を用いて実デバイスの高抵抗箇所の可視化が可能なことを世界ではじめて実証した実験結果である。実デバイスを用いて FIB によりショート欠陥を作り込んである。図 2.32(a) の光学像において右上から左下にかけて 5 本の配線が走っている。その内 2 箇所（黒丸で囲った箇所）を電源と GND がショートするように FIB の W 堆積機能を用いて加工した。右上のショート箇所は図 2.32(a) の光学像でも見える。電源・GND 間で観測した図 2.32(b) の IR-OBIRCH 像ではショート箇所が白いコントラストとして可視化できている。FIB で堆積した W 部は Ga、O、C などとの合金になっていると考えられる。図 2.31(a) で示した相関により負の TCR を示したと考えると白いコントラストの説明が付く。

図 2.33 は OBIRCH を用いて TEM レベルでやっと解析可能な高抵抗箇所の可視化が可能であることを世界ではじめて実証した実験結果である。2 層の Al 配線を Al のビアで接続しビアチェーンを構成した TEG である。正常な抵抗値を示すものでは図 2.33(a) のように電流経路が黒く見えている（低倍なので

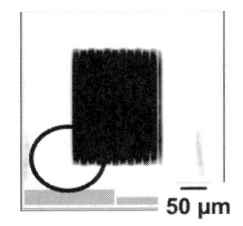

(a) 正常品の OBIRCH 像　　(b) 正常品の断面 TEM 像

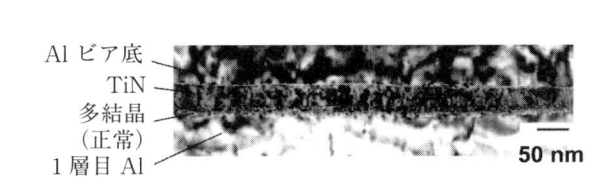

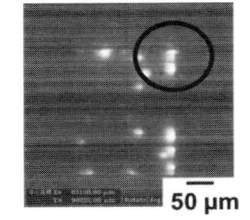

(c) 異常品の OBIRCH 像　　(d) 異常品の白コントラスト部の断面 TEM 像

図 2.33　TEM レベル高抵抗欠陥の可視化：世界初（1997）

ほとんど分解されていないが)。異常(高抵抗)のものでは図 2.33(c)のように白いコントラストが多数見られる。図 2.33(a)と図 2.33(c)の黒丸で囲った箇所の断面を FIB で出し、TEM で観察したのが図 2.33(b)と図 2.33(d)である。両者で大きく異なるところは TiN と Al との界面部が正常品では多結晶であるのに対し、異常品ではアモルファス状になっている点である。このように TEM を使ってやっとわかる高抵抗箇所が OBIRCH で可視化できたはじめての例である。もし OBIRCH がなければ、異常箇所が絞り込めず、高抵抗の原因も不明のままであったと思われる。

ボイドは必ずしも黒い微細構造として検出できるわけではない。図 2.34 は 100nm 幅配線において、高抵抗のバリア層を白いコントラストで可視化することで、ボイドを検出した例である。全長 9.8mm、幅 100nm、配線間隔 1 μm 以上の銅配線 TEG である。この例ではボイドを検出するのに黒いコントラストは利用していない。ボイドができたために電流の経路となったバリアメタルが負の TCR を示すことを利用して白いコントラストで検出したのである。TaN は典型的な高抵抗の遷移金属合金である。配線幅は 100nm しかないが配線間隔が 1 μm 以上あるため配線間が分解でき、断面を出す箇所が識別できた。

⑤ **熱起電力効果を利用した高抵抗箇所の検出**

次に熱起電力により高抵抗箇所が検出できる仕組みを図 2.35 に示す。熱起電力はどのような金属でも半導体でも起きる(Seebeck 効果)。温度差により電

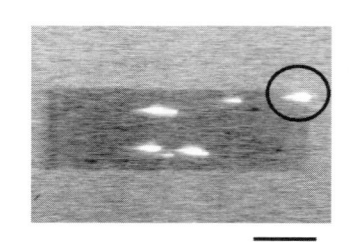

(a) IR-OBIRCH 像　　　　　　　　(b) 断面 TEM 像

(出典) M. Tagami et al., IITC, IEEE(2001)

図 2.34　白コントラストでボイドを検出した例

第 2 章 LSI 故障解析技術概論

電流は打ち消しあい流れない
金属配線
レーザビーム

(a) 正常箇所にレーザビームが照射された場合

熱起電力電流　　高抵抗欠陥
金属配線
レーザビーム

(b) 欠陥の左側にレーザビームが照射された場合

高抵抗欠陥　　　熱起電力電流
金属配線
レーザビーム

(c) 欠陥の右側にレーザビームが照射された場合

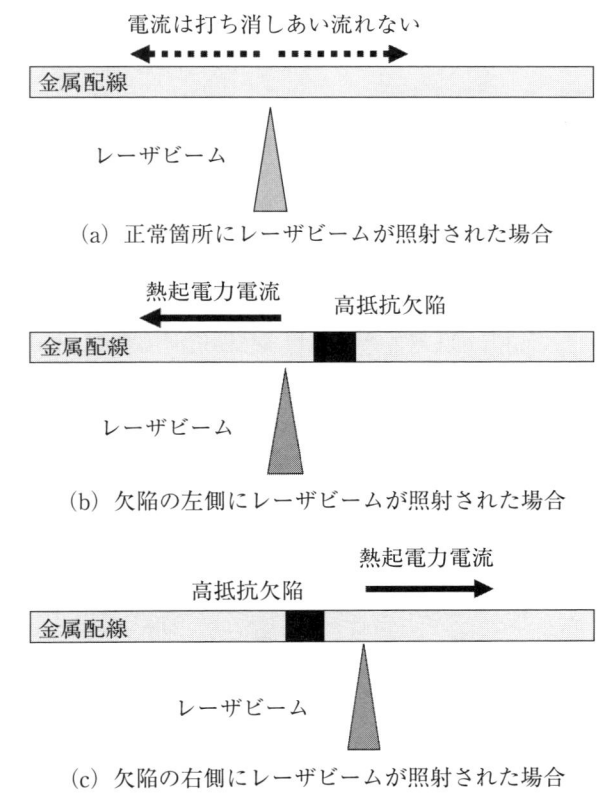

図 2.35　熱電効果により高抵抗部が検出できる仕組み

流が流れる（電位が発生する）効果である。ただ、その効果は、図 2.35(a) のように欠陥がない場合はレーザビームが照射された両側で熱起電力電流は打ち消しあって外部からは観測できない。図 2.35(b)、(c) のように配線の一部に高抵抗の欠陥があるとこれが表面化して欠陥検出に利用できる。図 2.35(b) では欠陥の左側にレーザビームが照射され、レーザビーム照射点を起点として両側に熱起電力電流が流れようとするが右側は高抵抗のためあまり流れない。このため図 2.35(a) の場合とは異なり電流は打ち消されず左方向に流れる。図 2.35(c) の場合は逆に電流は右側に流れる。このように欠陥の両側で電流の向きが逆になるため、電流変化像としては欠陥部の左右で白黒が反転したコントラストが

得られるのが、熱起電力像の特徴である。OBIRCH 効果よりも小さな効果なので、電流をあまり流すと OBIRCH 効果に遮蔽されてしまう。無バイアスが微小バイアスで観測するのが望ましい。

図 2.36 に TiSi 配線の欠陥における熱起電力像を示す。配線幅が $0.2\mu m$ の TiSi 配線の高抵抗欠陥部では図 2.36 に示すような典型的な熱起電力コントラストが見られた。特に黒丸で示したところでは白黒のペアのコントラストがほぼ均等に見られる。この欠陥はこの後、図 2.37 で示すように Ti が欠乏して Si だけになり高抵抗になった箇所である。

図 2.37 には TiSi 配線で熱起電力効果を示した箇所の断面 TEM/STEM 像を示す。図 2.36 で白黒ペアの熱起電力コントラストを示した箇所の断面を FIB

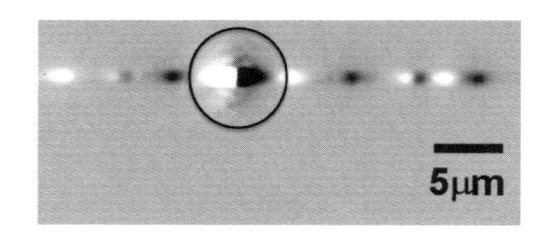

図 2.36 TiSi 配線の欠陥における熱起電力像

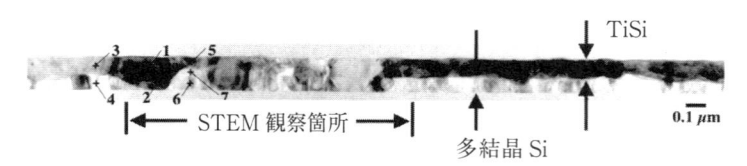

(a) 断面 TEM 像

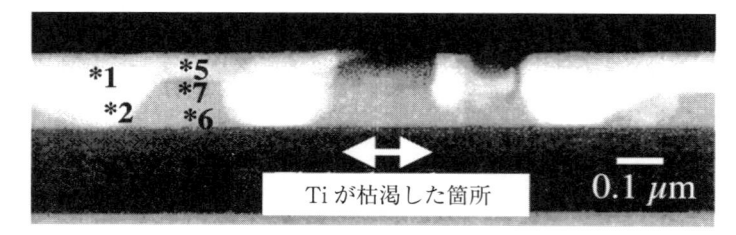

(b) 断面 STEM(暗視野)像

図 2.37 断面 TEM/STEM 像

で出し、TEMとSTEMでの観察を行った。図2.37(a)に示すTEM像で中央から左側の付近は構造が崩れているが、それ以外の場所では正常で上部にTiSi層、下部に多結晶シリコン層ができている。構造の崩れた箇所をSTEM（暗視野）で観察したのが(b)である。暗視野STEM像では重い原子ほど明るく見える。ここではSiとTiしかないため、白い領域はTiが豊富な箇所で、灰色の箇所はTiが枯渇した箇所である。このようなTiが枯渇した箇所ができたためこの配線は高抵抗になった。また、このような高抵抗な箇所が存在したため熱起電力コントラストが見られた。

⑥ ショットキー障壁の検出

以上は、OBIRCH法とその派生法でレーザビーム加熱を利用する方法であったが、次に示す方法は、ショットキー障壁での内部光電効果を利用する方法である。図2.38にショットキー障壁起因の内部光電効果が$1.3\,\mu m$の波長のレーザを使うと観測できる理由とその特徴を示す。波長$1.3\,\mu m$のエネルギー0.95eVはSiと金属の接触面にできるショットキー障壁の高さはより大きい。また、バンドギャップ(1.12eV)よりも小さい。このような条件を満たしているため波長$1.3\,\mu m$の光はSi側からショットキー障壁に到達し、金属・Si(n型)界面で電子を励起し、その電子は金属側からSi側に流れ込む。このような原理で電流が流れるため、電流の流れには方向性があり、OBIRCHのシステム構成で電流検出器を2端子のどちらに置くかでコントラストが逆転する：通常のOBIRCH像ではこのような極性依存性はない。

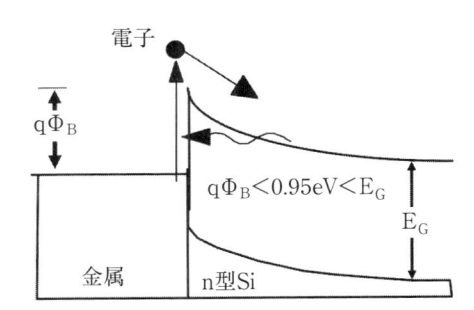

$q\Phi_B$：ショットキー障壁　　E_G：バンドギャップ

図2.38　ショットキー効果

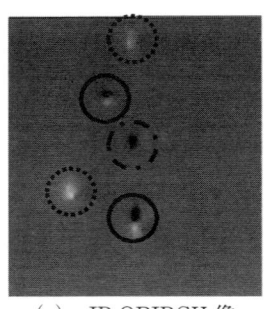

(a) IR-OBIRCH 像　　(b) 断面 SIM 像

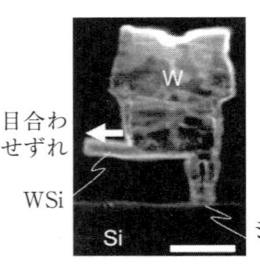

図 2.39 ショットキー効果と熱電効果が同一チップ内の同種の欠陥で見られた例

　図 2.39 はショットキー効果と熱電効果が同一チップ内の同種の欠陥で見られた例である。図 2.39(b) に示すような目合わせずれが原因の不良の例である。目合わせずれが原因のため、同一チップの複数箇所で図 2.39(b) のようなショートが起きている。ところが IR-OBIRCH 像でみると図 2.39(a) に示すように 3 種類のコントラストが見られた。①実線の黒丸で示したような白黒ペア、②点線の黒丸で示した白いコントラスト、③一点鎖線の黒丸で示した黒いコントラストの 3 種類である。これは次のように解釈できる。図 2.39(b) のショットキー障壁ができている箇所ではショットキー障壁に起因した効果と同時に熱起電力に起因した効果もみられるはずである。どちらの効果が大きいかで白黒のコントラストか、白だけか黒だけかが決まる。白だけになるか黒だけになるかはその場所が OBIRCH 観測システムのどの端子と接続されているかで決まる。

⑦ **IR-OBIRCH 法におけるトランジスタ・回路の温度特性応答**

　最後の OBIRCH の機能として回路やトランジスタの温度特性を反映したコントラストを見る機能が上げられる。トランジスタの場合は単純にトランジスタの温度特性が表れるだけであるが、回路が関係してくると少し複雑になる。

　図 2.40 に簡単な回路（インバータ）の場合を例にとってその状況を説明する。図 2.40(a) にインバータ回路の構成、図 2.40(b) にその入力電圧とドレイン電流との関係を示す。また、入力に接続された配線がレーザビーム加熱されたときに入力電圧が減少する場合を図 2.40(c) に、増加する場合を図 2.40(d) に示す。

(a) インバータ回路の構成
(b) インバータ回路の電流・電圧特性
(c) レーザビーム加熱で入力電圧が減少する場合
(d) レーザビーム加熱で入力電圧が増加する場合
(e-1) 光学像
(e-2) IR-OBIRCH像
(e) 回路の温度特性効果で Al 配線が白く見えた例

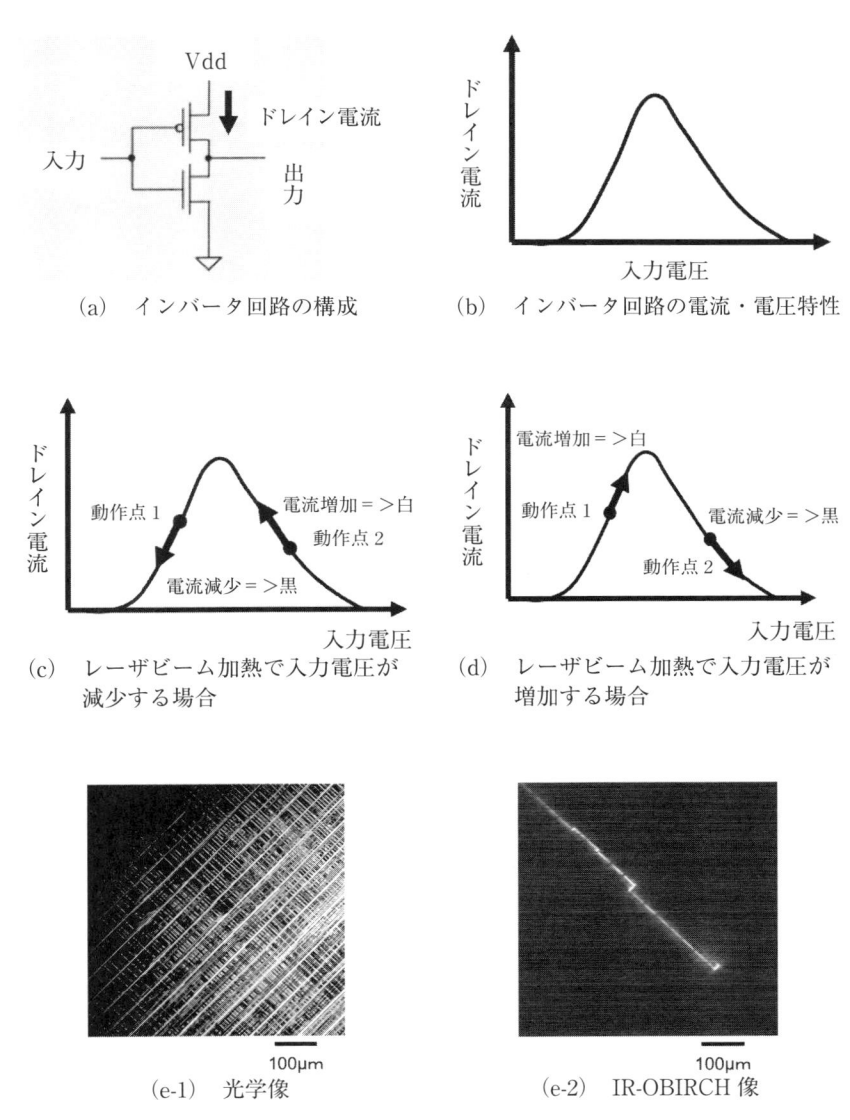

図 2.40　インバータ回路での OBIRCH 効果の振舞い

表 2.10　回路の温度特性による白黒のコントラスト：インバータ回路の場合

動作点 \ レーザビーム加熱で入力電圧	減少	増加
1：低電圧側	①黒	②白
2：高電圧側	③白	④黒

　図2.40(c)のようにレーザビーム加熱で入力電圧が減少する場合を考える。レーザビーム照射前に動作点が1にあった場合には電流は減少するため、黒のコントラストが得られる。動作点が2にあった場合には電流が増加するため、白のコントラストが得られる。

　動作点が同じでも図2.40(d)に示すように、レーザビーム加熱で入力電圧が増加する場合は、白黒が反転する。すなわち、レーザビーム照射前に動作点が1にあった場合には、電流は増加するため、白のコントラストが得られる。動作点が2にあった場合には電流が減少するため、黒のコントラストが得られる。このように、動作点と加熱による入力電圧の増減の組合せで白黒が決まることになる。以上をまとめると表2.10のようになる。

　このような効果によって入力部のショートといってもどこにショートしているかショート部のTCRはどうかというだけでなく、ショートの結果回路の動作点がどこにあるかも白黒のコントラストの違いに関係してくる。

　図2.40(e)には回路の温度特性効果でAl配線が白く見えた例を示す。図2.40(e-1)が光学像、図2.40(e-2)がIR-OBIRCH像である。

　この例では表2.10の②の状態か③の状態かは明確でないが、同時に行なったエミッション顕微鏡観察の結果とあわせて考えると、この白コントラストは回路の温度特性効果によるものと考えると説明が付く。詳細は第3章の事例紹介を参照されたい。

　OBIRCH法を利用する際には以上に述べた効果のどれが表れているかを見きわめることが重要である。

⑧ IR-OBIRCH 装置と LSI テスタとのリンク

ここまでは LSI チップの任意の 2 端子のみを用いて IR-OBIRCH 装置で観測する方法について述べてきた。ここでは LSI テスタとリンクすることで、より複雑な解析を行う方法について述べる。**LSI テスタとのリンク方法**は静的な方法と動的な方法がある。**静的な方法**では LSI をある状態に設定した後で IR-OBIRCH 観測を行う。**動的な方法**では LSI テスタでの合否判定結果を像として表示する。

1) 静的なリンク

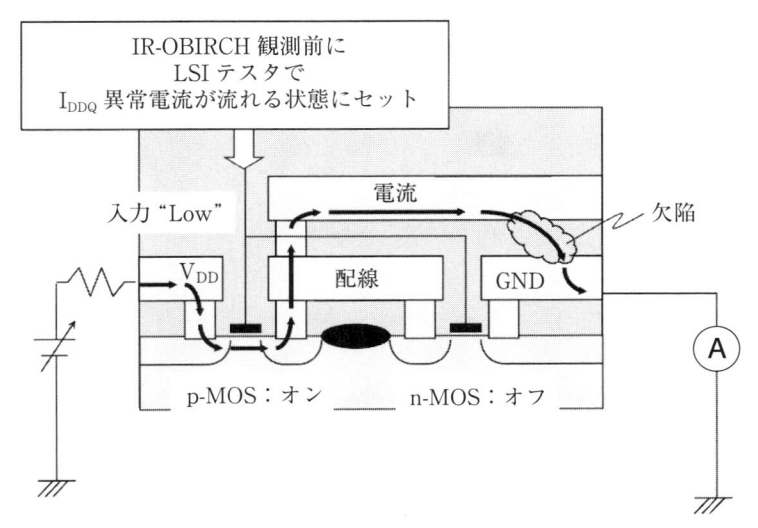

図 2.41 に IR-OBIRCH 装置と LSI テスタとの静的リンクの構成概念を示す。インバータの場合を例にとって説明する。IR-OBIRCH での観測前に LSI テスタで I_{DDQ} 異常電流が流れるように LSI の状態をセットしておく。この例ではインバータの入力が Low の状態になるようにセットされている。トランジスタが正常に動作していれば p-MOS はオン状態で n-MOS はオフ状態になり、電流は欠陥を通して流れる。これが I_{DDQ} 異常を見つけることで欠陥のある LSI が選別できる原理である。IR-OBIRCH での観測はこのような状態に設定しておいてから行う。そうすることによって、その LSI チップ内のどこに欠陥があるかも検知できる。

図 2.41　IR-OBIRCH 装置と LSI テスタとの静的リンクの構成概念

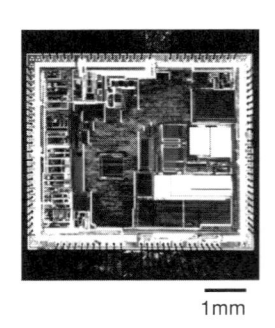

(a) 光学像

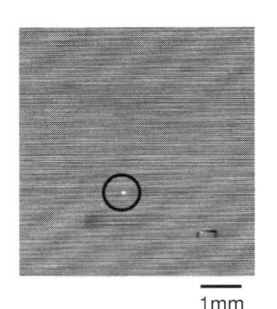

(b) IR-OBIRCH 像

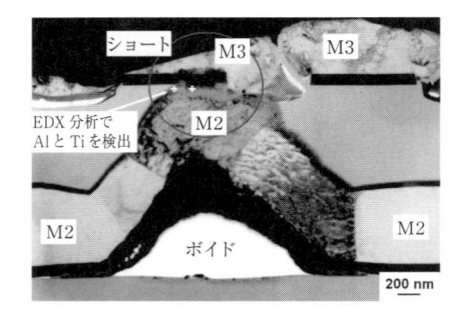

(c) 断面 TEM 像

(出典) 森本他、LSI テスティングシンポジウム(2000)

図 2.42 IR-OBIRCH 装置を LSI テスタと静的にリンクすることで配線ショートが検出された例

図 2.42 に IR-OBIRCH 装置を LSI テスタと静的にリンクすることで、配線ショートが検出された例を示す。ファンクション不良品において、I_{DDQ} 異常電流が流れるテストパタンをセットし、IR-OBIRCH 観測を行った。図 2.42(a) が光学像、図 2.42(b) が同一視野の IR-OBIRCH 像である。図 2.42(b) 中に黒丸で示すような白いコントラストが見られた。この箇所の断面を FIB で出し、TEM で観察したのが図 2.42(c) である。丸で囲った箇所でショートしていることがわかる。このショート箇所を EDX で分析したところ Al と Ti が検出された。このような典型的な遷移金属合金ができていたため、IR-OBIRCH で白いコントラストとして観測されたことがわかった。

ファンクション不良を示す LSI のほとんどは I_{DDQ} 異常を示すと言われてい

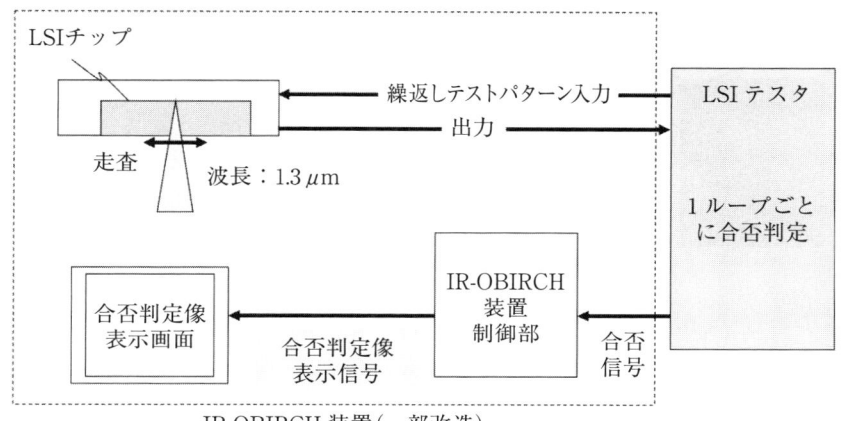

図 2.43　IR-OBIRCH 装置と LSI テスタとの動的リンクの構成概念

る。したがって、ここで示した IR-OBIRCH 装置と LSI テスタの静的なリンクを行うことで、ファンクション不良のほとんどを解析することができる。

2) **動的なリンク**

図 2.43 に、R-OBIRCH 装置と LSI テスタとの動的リンクの構成概念を示す。このような構成は、**RIL（Resistive Interconnection Localization）**、あるいは **SDL（Soft Defect Localization）**などと呼ばれている。両者の呼称の違いは解析結果からの命名であり、どちらもセットの基本構成は同じである（本書では SDL という呼称を主に用いる）。IR-OBIRCH 装置をベースにして LSI テスタからテストパターンを LSI に入力する点までは静的な方法と同じである。異なるのはテストパターンを繰り返し入力することと、その繰り返しのたびに LSI テスタで合否を判定して判定結果を像表示に用いることである。例えば、合なら明、否なら暗と画素ごとに表示する。このような方法をとるため、レーザビーム走査が 1 画素分を通過する間にテストパターンが 1 ループ分回って合否判定を行えば、もっとも効率的である。ただ、必ずしもそのような同期がとれていなくても走査を何回も行うことで有効な像が得られることも示されている。

図 2.44 に IR-OBIRCH 装置と LSI テスタとの動的リンクで絞り込み、配線

(a) 合否判定像（SDL 像）と光学像の　　　　(b) 断面 TEM 像
　　重ね合わせ（口絵カラー参照）

（提供）NEC エレクトロニクス㈱　加藤氏、和田氏

図 2.44　動的リンクで絞り込み、配線系の欠陥が検出された例

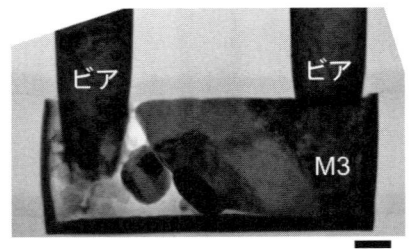

系の欠陥が検出された例を示す。図 2.44(a)（口絵カラー参照）が合否判定像（SDL 像）と光学像を重ね合わせた結果である。その後、その情報を元に IR-OBIRCH で絞り込みを行った箇所の断面を FIB で出し、TEM で観察した結果が図 2.44(b) である。M3 とビアの接続箇所が異常な状態になっていることがわかる。解析内容の詳細は第 3 章を参照されたい。

(2)　エミッション顕微鏡

故障箇所の絞り込みで IR-OBIRCH と同じようによく利用されているのが**エミッション顕微鏡**である。Si は間接遷移型半導体であるためキャリア再結合による発光の効率が悪い。他のメカニズムでの発光強度も非常に弱いため、発光を検出するにはエミッション顕微鏡と呼ばれる高感度の光検出顕微鏡が必要である。

①　発光のメカニズムと検出器の感度特性

発光には熱放射によるもの（温度がそれほど高くないため可視光成分は非常に弱いが、エミッション顕微鏡では見えるのでここでは発光と呼ぶ）と熱放射以外のものがある。図 2.45 に熱放射によらない 2 種類の**発光メカニズム**を示す。横軸は左の図が運動量、右の図が位置であり、縦軸はともにエネルギーである。Si は左の図のように伝導体の最下端と価電子帯の最上端が同じ運動量

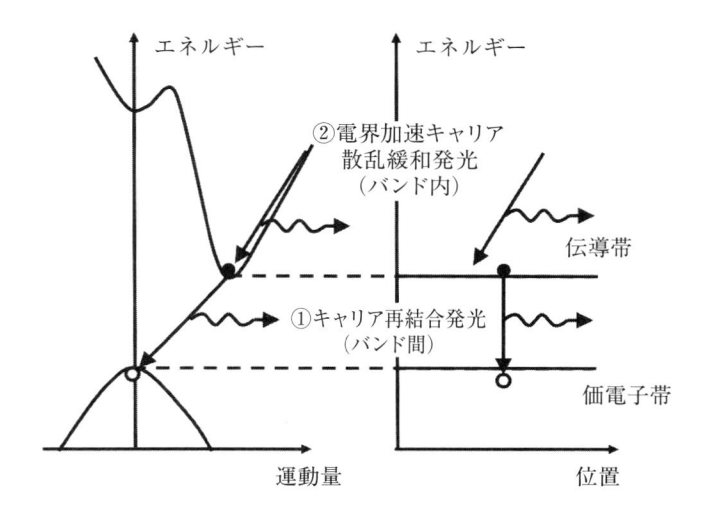

図 2.45　2 種類の熱放射によらない発光メカニズム

のところにない間接遷移型半導体であるため、バンド間でのキャリア再結合には運動量の変化もともなう必要があり効率が悪い。このキャリア再結合による発光が1つ目のメカニズムである。p-n 接合の順方向バイアスにともなう発光がその代表的なものである。2つ目のメカニズムは電界で加速されたキャリアがフォノンなどで散乱される際のエネルギー緩和にともなう発光である。これはバンド内で起きる。p-n 接合の逆方向バイアスにともなう発光がその代表的なものである。

3種類の発光メカニズムでの発光のスペクトルの概要を示したのが図 2.46 である。図 2.46(a) には熱放射以外の発光のスペクトルを、図 2.46(b) には熱放射の発光のスペクトルを示す。図 2.46(a) に示すバンド間キャリア再結合発光は $1.1\,\mu\mathrm{m}$ を中心にほぼ正規分布をしている。一方同じく図 2.46(a) に示すバンド内の発光は長波長側になるほど強度が増し、広い範囲にわたっている。図 2.46(b) には熱放射による発光のスペクトルを示す。後で具体例を示すが MCT や InGaAs といった赤外に高感度な検出器を用いなくても、従来型 (MCT、InGaAs 以前の冷却 CCD など) のエミッション顕微鏡でも熱放射は検出可能である。ただ、グラフを見るとわかるように温度依存性が非常に大きいので従来

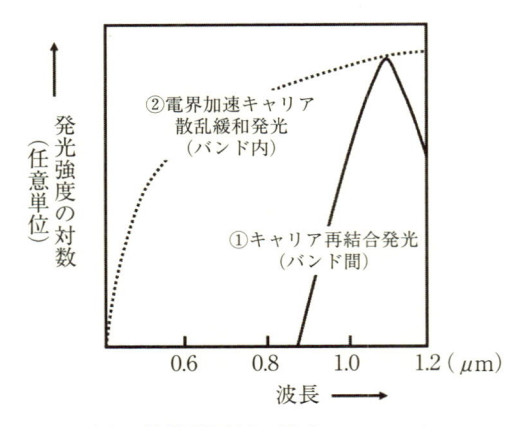

(a) **熱放射以外の発光のスペクトル**

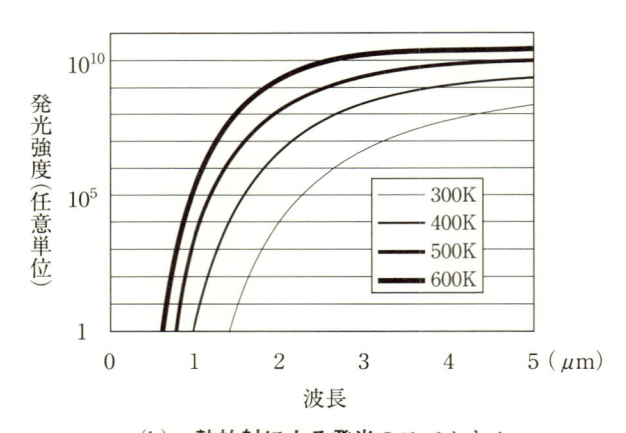

(b) **熱放射による発光のスペクトル**

図 2.46　3種類の発光メカニズムのスペクトル

型のエミッション顕微鏡で200℃(473K)程度以下の発熱箇所を検出するのは困難である。

　図 2.47 に従来から利用されていた C-CCD(冷却 CCD)と、赤外域で感度が高く最近よく利用されている InGaAs 検出器の、感度の波長依存性を示す。図 2.47 からわかるように、C-CCD では赤外域は 1100nm 程度までしか感度がな

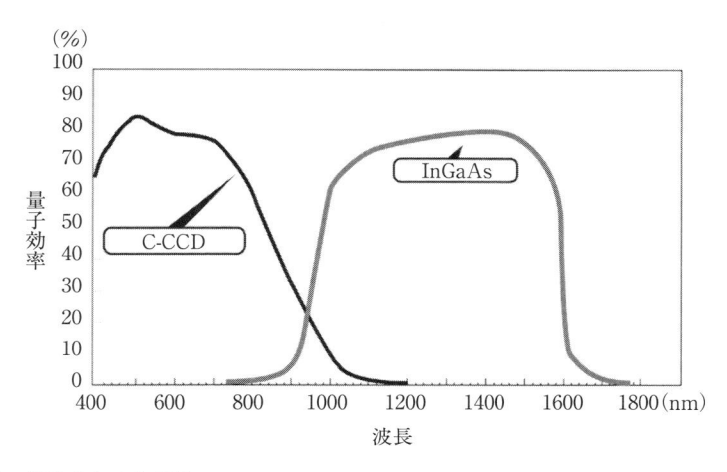

(％)のグラフ：C-CCD と InGaAs 検出器の量子効率の波長依存性

（提供）浜松ホトニクス㈱

図 2.47　C-CCD と InGaAs 検出器の感度の波長依存性

いのに対して、InGaAs では 900nm 程度から 1700nm 程度まで感度がある。

② **発光源**

発光はどこでどのような状態で起きるかを対応する発光のメカニズムとともに分類して表 2.11 に示す。

1) **電界加速キャリア散乱緩和発光（バンド内発光）**

バンド内発光のメカニズムによる発光源としては、空間電荷領域でのキャリアの電界加速によるもの、電流集中によるもの、F-N（Fowler-Nordheim）トンネル電流によるものがある。空間電荷領域での発光が最も多く、p-n 接合逆方向バイアスによるもの、p-n 接合リーク電流によるもの、飽和領域の MOS トランジスタによるもの、ESD 保護素子のブレイクダウンによるもの、活性モードのバイポーラトランジスタによるものがある。電流集中によるものはゲート絶縁膜の欠陥、ゲート絶縁膜リーク電流によるものである。F-N トンネル電流によるものはゲート絶縁膜のリーク電流である。

図 2.48（口絵カラー参照）には、代表的な発光である飽和領域の MOS トランジスタの発光例を示す。光学像に発光像を重ね合わせたものである。図 2.48

表 2.11 発光源と発光メカニズムの対応一覧

電界加速キャリア散乱緩和発光（バンド内発光）	空間電荷領域	p-n 接合逆方向バイアス
		p-n 接合リーク電流
		飽和領域の MOS トランジスタ
		ESD 保護素子のブレイクダウン
		活性モードのバイポーラトランジスタ
	電流集中	ゲート絶縁膜の欠陥、リーク電流
	F-N 電流	ゲート絶縁膜のリーク電流
バンド間キャリア再結合発光（バンド間発光）		p-n 接合順方向バイアス
		飽和モードのバイポーラトランジスタ
		ラッチアップ
熱放射		各種ショート
		高抵抗箇所

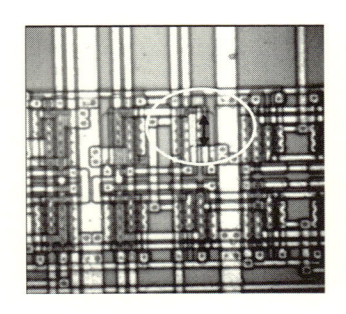

(a) 寸法が大きく遮るものがない場合

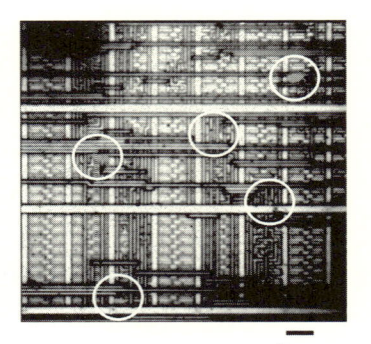

10μm

(b) トランジスタが小さくかつ上層配線で一部が遮られている場合（口絵カラー参照）

図 2.48 飽和領域の MOS トランジスタの発光例

(a)は寸法が大きくかつ遮るものがない場合の例で、白丸で囲った中の黒い両矢印の線で示した箇所の左側の白い太線のように見える部分が発光部である。このようにトランジスタの寸法が大きく、かつ遮る配線などが上部にない場合はドレイン部に対応して細長い線状に発光する。

一方、トランジスタが小さい場合や、大きくても上部の配線などで光が遮られている場合は線状には見えない。図2.48(b)がその例である。白丸を付けた5箇所のMOSトランジスタが飽和領域になり、発光している。これらのトランジスタは共通の入力配線に接続されており、その配線がショート不良を起したために中間電位になり貫通電流が流れたものである。詳細は第3章で紹介する。

2) バンド間キャリア再結合発光

バンド間キャリア再結合発光のメカニズムによる発光源としては、p-n接合順方向バイアス、飽和モードのバイポーラトランジスタがある。p-n接合順方向バイアスの特別な場合としてラッチアップがある。

3) 熱放射

配線間ショートや配線の細りなどによる局所的抵抗増大の結果、ジュール発熱が局所的に増大することによる熱放射である。図2.49に、熱放射による発光例を示す。図2.49(a)ではAl配線TEGにおいてエレクトロマイグレーション試験で細くなったところがジュール熱で局所的に発熱し発光(熱放射)して

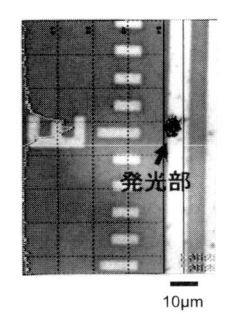

(a) 従来型のPEMでの観察例　　(b) InGaAs検出器での観測例
　　　　　　　　　　　　　　　　　　（口絵カラー参照）

図2.49　熱放射による発光例

いる。従来型のエミッション顕微鏡を用いて観測した。推定温度は 200℃である。図 2.49(b)(口絵カラー参照)の InGaAs 検出器での観測例は、実デバイスの配線間ショート箇所での発光(熱放射)である。光学像に発光像を重ね合わせた像である。この解析全体の詳細は第 3 章で解析事例として紹介する。

③　**時間分解エミッション顕微鏡**

ダイナミックに光を検出する方法を用いると、MOS トランジスタが動作し飽和領域にある瞬間の光を検出できる。像としてみる方法と固定点での変化をみる方法がある。最初に IBM のグループによって提案された際には **PICA (Picosecond Imaging Circuit Analysis)** と命名されたように像としてみるものであった。PICA の像の例を図 2.50(口絵カラー参照)に示す。3 枚の像は異なる時間での発光像である。この方法を用いるとタイミング異常の解析が可能である。

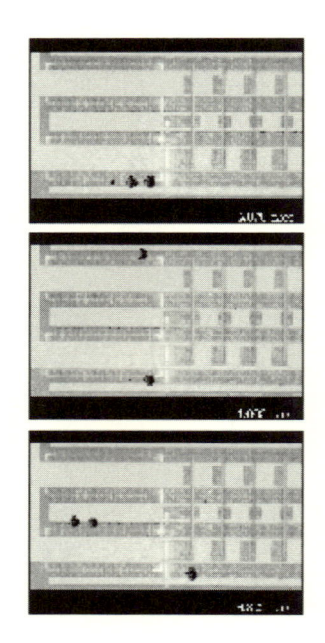

(出典) http://www.research.ibm.com/topics/popups/serious/chip/html/ldemos.html

図 2.50　時間分解エミッション顕微鏡の最初の例である **PICA** の像(口絵カラー参照)

（3） EBテスタ

　SEMをベースにした手法である。主な絞り込み手法の中で最も歴史が長い。1957年にOatleyとEverhartにより**電位コントラスト**が発見され、その11年後の1968年にダイナミックに電位コントラストを観察する手法である**ストロボSEM法**がPlowsとNixonにより発明された。

　電位コントラストの仕組みを図2.51に示す。図2.51では、簡単のために2本の配線の一方が0Vで、他が3Vの場合を示した。電子ビームが配線に照射されると2次電子が発生する。配線の平らなところから発生する2次電子の量は配線電位が同じであればどこにおいても一定である。ところが、図2.51の場合のように配線電位が異なると2次電子が検出器に到達する量に差がでてくる。2次電子発生箇所の電位が0Vの場合は障害なく2次電子検出器に到達するが、発生箇所の電位が3Vの場合には電界により引き戻されるため2次電子検出器に到達する量が減る。このため2次電子像では低電位ほど明るく、高電位ほど暗く表示される。

　ストロボSEM法を用いると任意の位相における電位分布像(ストロボ像)と任意の点における電位波形(ストロボ波形)が取得できる。

　ストロボ像取得の仕組みを図2.52に示す。ストロボ像を取得するためには、配線上の信号が繰り返される必要がある。LSIテスタで信号を与える際は、同じテストパターンを繰り返す。図2.52(a)中に繰り返し周期をTで示した。ストロボ像を取得する際はパルス電子ビームをサンプル上で走査する。その際のパルス電子ビームと配線の電位波形の位相のタイミングの関係を図2.52(a)

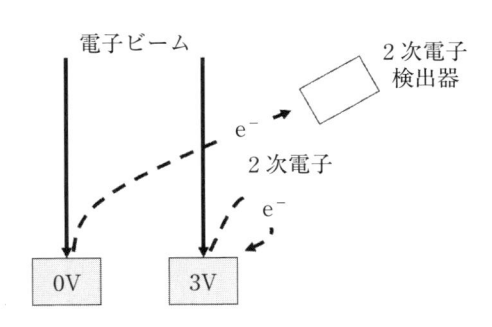

図2.51　電位コントラストの仕組み

に示す。タイミング1の場合は、配線1が高電位であるタイミングでパルスビームを照射している。タイミング2では配線2が高電位であるタイミングでパルスビームを照射している。

その結果、図 2.52(b)、(c)に示すようなストロボ像が得られる。図 2.52(b)はパルスビームの位相をタイミング1に固定した場合であり、配線1が高電位のタイミングであるため暗く、配線2が低電位のタイミングであるため明るく見える。図 2.52(c)はパルスビームの位相をタイミング2に固定した場合であり、配線1が低電位のタイミングであるため明るく、配線2が高電位のタイミングであるため暗く見える。

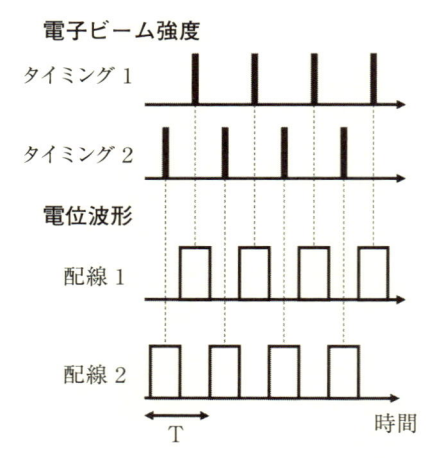

(a) パルス電子ビームと電位波形の位相のタイミング

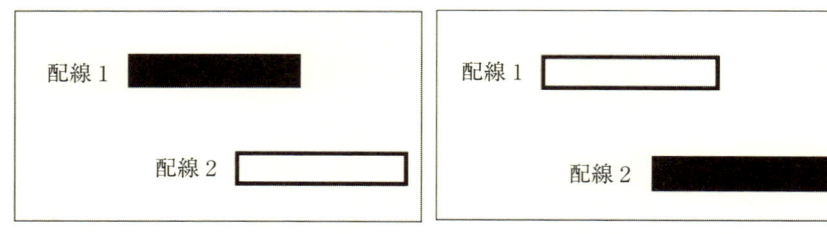

(b) 位相をタイミング1に固定して取得したストロボ像

(c) 位相をタイミング2に固定して取得したストロボ像

図 2.52　ストロボ像取得の仕組み

第 2 章　LSI 故障解析技術概論

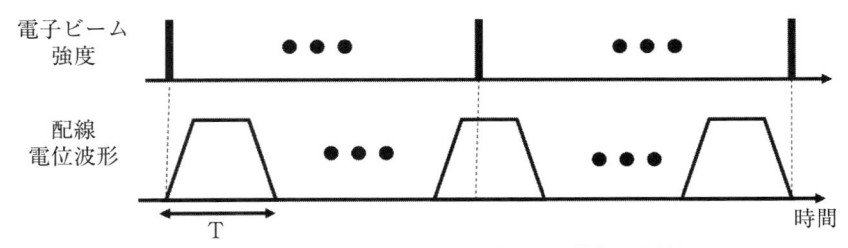

(a)　配線電位波形とパルス電子ビームの位相の関係

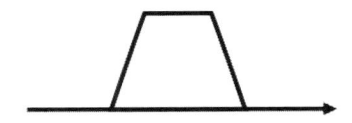

(b)　ストロボ法により取得したストロボ電位波形

図 2.53　ストロボ波形取得の仕組み

　ストロボ波形取得の仕組みを図 2.53 に示す。ストロボ波形を取得するためにはストロボ像取得の際と同じように配線上の信号は繰り返される必要がある。図 2.53(a) 中に繰り返し周期を T で示した。ストロボ波形を取得する際は電子ビームを配線上の 1 点に固定照射する。配線電位波形とパルス電子ビームの位相の関係を図 2.53(a) に示す。パルス電子ビームの位相を少しずつずらしながら 2 次電子信号を取得する。その結果図 2.53(b) に示すようなストロボ波形が得られる。

　ストロボ SEM を用いるとこのように任意の箇所の電位分布や電位波形がわかるため、観測すべき箇所が事前にわかっている場合には、オシロスコープを用いるかのように LSI チップ上の電位を「テスト」できる。このような機能があるため、80 年台以降は原理を強調したストロボ SEM という言葉はあまり使われなくなり、機能を強調した電子ビーム (EB) テスタという名称の方が使われるようになった (日本最大規模の故障解析関連の会議である「LSI テスティングシンポジウム」の前身の会議が「電子ビームテスティングシンポジウム」という名称で開始されたのは 1982 年である)。

　図 2.54 に EB テスタの標準的機能を示す画面の例を示す。左上が電位波形

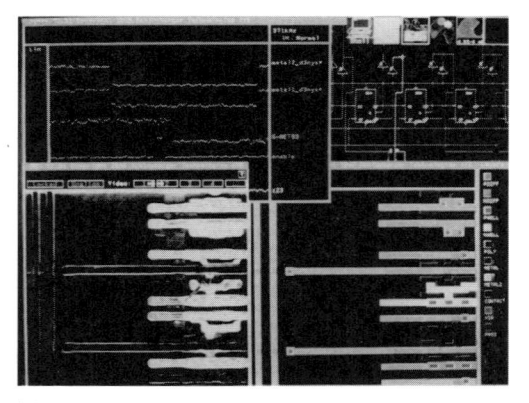

電位波形観測　　　　　　　　　　　回路図表示

電位分布観測　　　　　　　　　　　レイアウト図表示

図 2.54　EB テスタの標準的機能を示す画面の例

観測結果を示すウィンドウ、左下が電位分布観測結果を示すウィンドウである。右側の 2 つのウィンドウでは観測中の位置を示す。右下が観測中の位置をレイアウト図で示したもの、右上が回路図で示したものである。

　LSI チップの規模が複雑になるにともない、EB テスタを故障箇所絞り込みに用いるためには、ここまで述べた機能だけでは、不十分となってきた。膨大な配線のどこを観測すべきかの判断が困難になってきたためである。その対策として、コンピュータ支援を主体にした方法や電位分布差像による遡りを行う方法などが提案された。ここでは後者の方法を紹介する。

　まず、遡りに用いる**電位分布差像**について図 2.55 を参照して説明する。図 2.55 左上の電位分布像は不良品のものであり、左下は良品のものである。マージナル不良の場合には各々異常状態と正常状態の電位分布像に対応する。この 2 つの像を用いてピクセルごとに強度の差をとると右側のような電位分布差像が得られる。このように差像をとることで、不良品(異常状態)の電位異常の箇所が浮き彫りになる。

　この電位分布差像を用いて**故障発生箇所を絞り込む**。その仕組みを示す事例を図 2.56 に示す。図 2.56 は、絞り込みに用いた多くの電位分布差像をつなぎ

第 2 章　LSI 故障解析技術概論

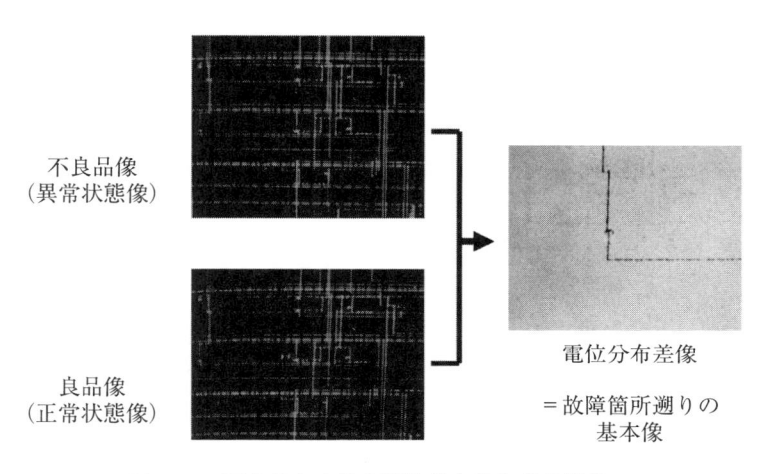

図 2.55　不良品と良品の電位分布像とその差像

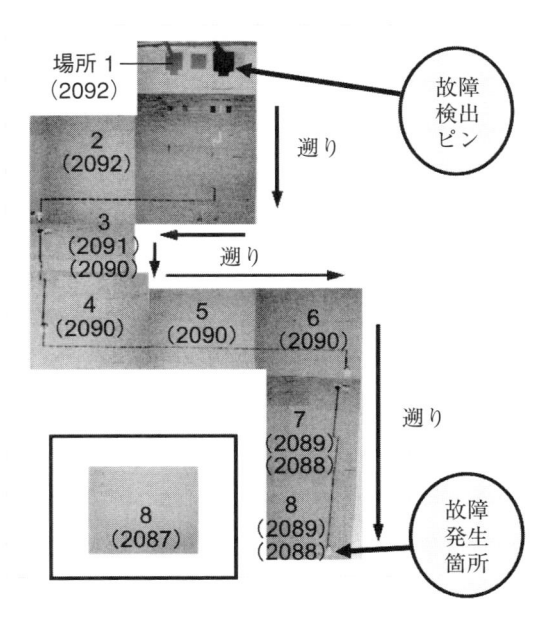

図 2.56　電位分布差像による故障発生箇所絞り込みの仕組みを示す事例

あわせたものである。対象となったのは電源電圧マージンが不足している LSI である。はじめに、像の上側の「故障検出ピン」と示したピンにおいて、LSI テスタで期待値と異なる電位が検出された。

その後、この LSI を EB テスタ試料室内（真空）に入れ、場所 1 と示した箇所の電位分布像を正常状態と異常状態で取得し、その電位分布差像を得た。図 2.56 の場所 1 の像で「故障検出ピン」は黒く浮き彫りになっており、電位分布像でもこのピンが異常電位を示していることがわかる。

故障発生箇所を絞り込むためには、場所とテストパターンを遡る。「故障検出ピン」で期待値との差が検出されたのはテストパターンの 2092 番目を入力ピン（図には示していない。この図の範囲からは遥かに離れている）に入力したときであった。テストパターンを 2091、2090……と若返らせながら、観測場所もチップ内部に移動させて電位分布差像を取得していった結果、場所 8 で 2087 番目のテストパターンを入力させると、どこにも電位分布差像でのコントラストが得られないことがわかった（図内の四角枠内の像）。同じ場所 8 でも 2088 番目のテストパターンを入力すると、「故障発生箇所」と矢印で示したように白い点状のコントラストとその上の配線の黒いコントラストが見られた。この結果から電気的異常はこの箇所で発生したことがわかった。2088 〜 2091 番目のテストパターンを入力した時点では、チップ内部では電気的異常が発生しているが、外部からはまだ観測できないということもわかった。

(4) その他
① 液晶法

正常な LSI チップは、できるかぎり発熱が分散するように設計されている。したがって、局所的に発熱している箇所は故障箇所である可能性が高い。エミッション顕微鏡（1986 年公表）も OBIRCH（1993 年公表、IR-OBIRCH は 1996 年）もなかった頃は、大気中で故障箇所絞り込みに適用できる方法はこの**液晶法**が代表的なものであった（真空中で行う方法には後で述べる SEM を用いた電位コントラスト法やその発展形である前述の EB テスタ法があった）。

図 2.57(a) に液晶法の仕組みを示す。 LSI チップの上に液晶を塗布した後、LSI チップに電圧を印加し偏光顕微鏡で観察する。偏光顕微鏡といっても特別

平面概念図

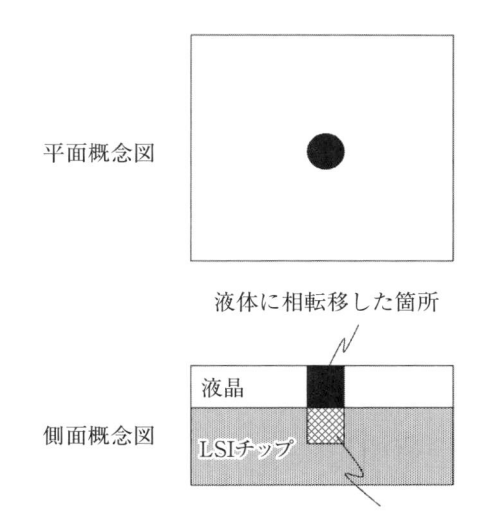

側面概念図 液体に相転移した箇所 / 液晶 / LSIチップ / 発熱箇所

(a) 液晶法の仕組み

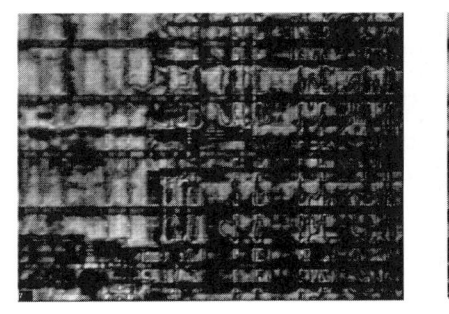

(b-1) 電圧印加前　　(b-2) 電圧印加後
(b) 液晶法の事例

図 2.57　液晶法の仕組みと事例

なものではなく金属顕微鏡とそれに付属している偏光板を用いればよい。偏光子と検光子を適当な角度にあわせると図のように発熱箇所のみが暗く見える。これは発熱箇所の上の液晶が液体に相転移したからである。液晶部分では偏光は回転するが、液体部分では回転しないため、このように差が見える。発熱検出感度をあげるためには、液晶の相転移温度ができるだけ室温に近いものがよ

い。このため通常は40℃程度の転移温度のものが用いられる。さらに感度を上げるためにはLSIチップを温度コントロールしてできる限り相転移温度に近付ける方法が取られる。簡易的にはヘアードライヤーや電球が温度コントロールに用いられる。専用の温度コントローラを用いる例もある。感度を上げる別の方法に印加電圧を時間変化させる方法がある。目で変化がわかる程度の周期で印加電圧を変化させると発熱箇所がわかりやすくなる。

図2.57(b)に解析事例を示す。図2.57(b-1)が電圧印加前、図2.57(b-2)が電圧印加後である。電圧印加により中央付近に暗い箇所が出現したのがわかる。この像は電圧を時間的に変化させながら取ったものであり、もとの像は動画である。動画で見ると発熱箇所はもっと小さい状態でも見ることができ、この像より絞り込むことができる。

② OBIC（Optical Beam Induced Current）

光ビームで誘起された電流のことをOBIC（オービック）と呼ぶ。基本的には太陽電池と同じ原理である。ただ、OBICの場合は通常はレーザビームを用いる。裏面から照射してOBICを発生させたい場合は、Siを透過しかつ光電流も発生する波長である1064nm付近の波長のレーザを用いる。図2.58を参照しながら説明する。外部電圧が印加されている場合を図2.58(a)に示す。光照射により励起された電子・正孔対は外部電界により引き離され電流となる。外部電界がない場合には内部電界により同様の現象が起きる。内部電界の代表的なものであるp-n接合部の電界によりOBICが発生する様子を図2.58(b)に示す。光照射による電流はn型からp型に流れる。

p-n接合部の欠陥の検出や絶縁膜のリーク箇所の検出だけでなく配線間ショートを絞り込んだ例も報告されている。図2.58(c)(d)に配線間ショートを絞り込んだ例を示す。I_{DDQ}不良品をOBICで観察したところ図2.58(c)のようにOBIC反応が見られた。この反応箇所と接続されている配線を追跡したところ図2.58(d)のような配線ショート箇所が見つかった。

電子ビームを用いてもOBICと同様の現象が観測される。これはEBICと呼ばれている。

③ LVI、LVP（laser voltage imaging, laser voltage probing）

LSIが動的に動作している状態で解析を行う手法として、SDL法、時間分解

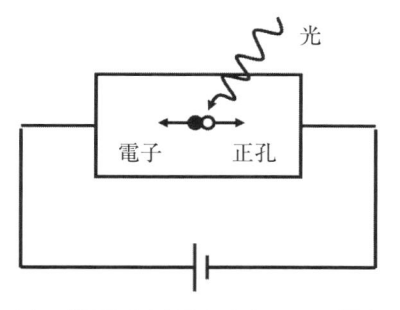

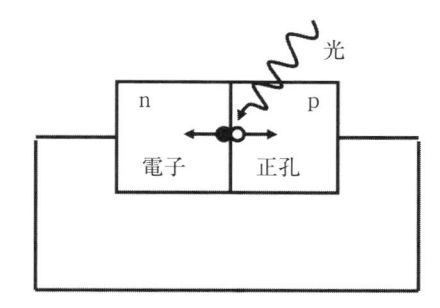

(a) 外部電圧が印加されている場合　(b) 内部電界で OBIC が発生する場合：p-n 接合の例

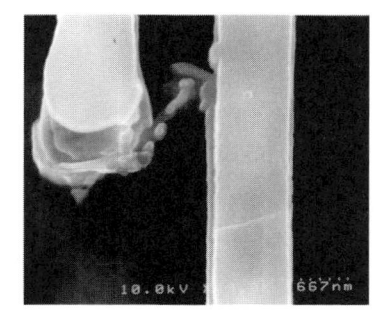

(c) OBIC 像と光学像の重ね合わせ　(d) OBIC により絞り込んだ箇所の SEM 像

(出典) (c)、(d)：伊藤誠吾「光ビーム誘起電流(OBIC)法とその故障解析への応用」、LSI テスティングハンドブック、3 編 5 章 5.3、p.306、図 6、図 7 (2008) © LSI テスティング学会 2008

図 2.58　OBIC の仕組みと事例

エミッション顕微鏡法、EB テスタ法があることは紹介した。ここでは、第 4 の動的解析法である、LVI 法と lVP 法について紹介する。

　従来から用いられている **LVP（Laser Voltage Probing）**法は、Franz-Keldysh 効果と呼ばれる電気光学効果を用いた方法で、p-n 接合部での光吸収の電界依存性を利用する。数十 ps 幅の 1.06 μm 波長のパルスレーザをデバイスの動作に同期してチップ裏面から照射し、その反射を検出することでデバイスの動作信号に対応した波形を得ることができる。

LVI(Laser Voltage Imaging)法は、最近実用化されつつある方法である。従来のLVPが1.06μm波長のパルスレーザを用いるのに対して、LVIでは1.06μm波長だけでなく1.3μm波長の**CW（continuous wave、連続発振波）**レーザも用いる。LVIでは同じ技術でLVPも実現している。

図2.59(a)に、LVIの仕組みを示す(口絵カラー参照)。変調をかけた1064nm/1340nmのCWレーザをLSIチップ裏面から照射し、反射してきたレーザをスペクトルアナライザで表示/解析し、任意の周波数成分を取り出し、レーザビームの走査により像を得る。3つの異なる動作周波数の回路がLVI像として色分けされた事例を図2.59(b)に示す(口絵カラー参照)。他の手法では解析が容易でないスキャンチェーン部の故障を解析した事例などが報告されている。

2.5.2 半破壊絞り込み手法

最近、非破壊絞り込みと物理化学解析の間をつなぐ手法として、半破壊的ではあるが、非破壊絞り込み法よりも局所的に観測できる手法が用いられる頻度が増してきている。その代表的な手法として、**ナノプロービング法**とSEMを用いる方法(**電位コントラスト法、吸収電流利用法**)について述べる。

(1) ナノプロービング法

ある程度非破壊法で絞り込んだ後、上層の配線をすべて除去し、拡散層とつなぐ電極(タングステン・プラグ)のみを残した状態で、細い針でプロービングし、電気的特性を計測する方法である。タングステン製の針を、SEM像でモニタしながらプロービングする方法と、SPMの針でプロービングする方法がある。前者はプロービングを同時モニタできるが後者ではできない。後者はサンプルを大気中に設置したまま計測できるが、前者はサンプルを真空中に設置する必要がある。前者の例を図2.60に示す。

図2.60(a)は4端子でプロービングしている様子をSEM像でモニタしている様子である。図2.60(b)はプロービングしながら測定したトランジスタのI-V特性である。実線が正常トランジスタ、点線が異常トランジスタのものである。図2.60(c)は特性不良トランジスタの断面TEM像である。この像から

第 2 章　LSI 故障解析技術概論

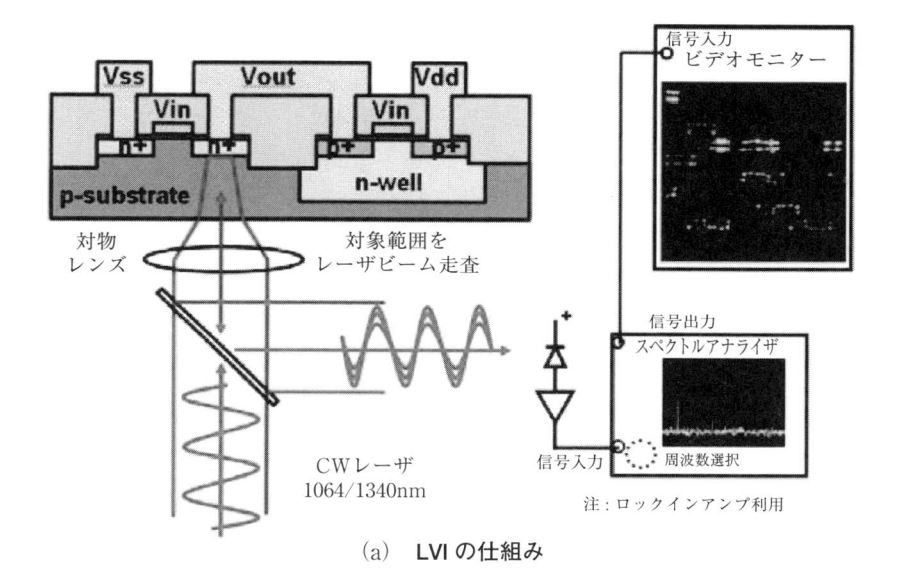

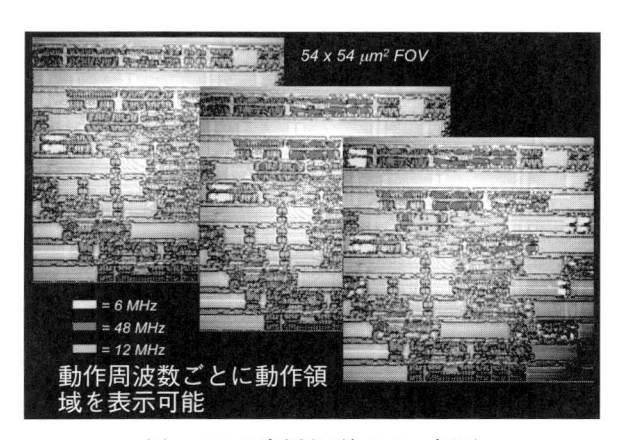

(a)　LVI の仕組み

(b)　LVI の事例（口絵カラー参照）

(出典) (a)：© LSI テスティング学会 2010, S. Kasapi 他、「40nm CMOS の ATPG スキャンチェーンをレーザボルテージ像にて診断」、LSI テスティングシンポジウム、pp.199、Fig.1（2010）、(b)（提供）：DCG システムズ㈱

図 2.59　LVI の仕組みと事例

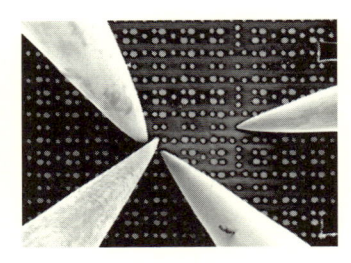

(a) プロービング中の SEM 像

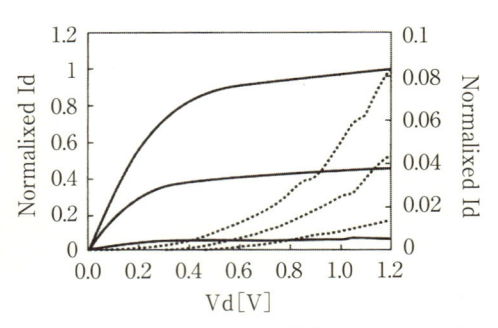

(b) プロービングしながら測定したトランジスタの I-V 特性

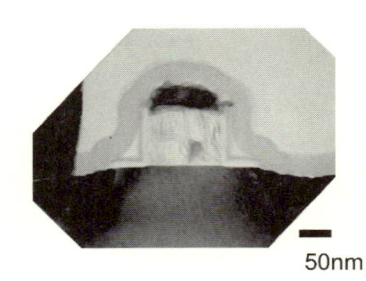

(c) 特性不良トランジスタの断面 TEM 像

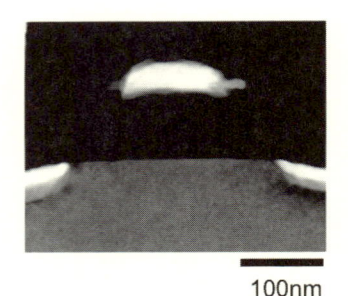

(d) 特性不良トランジスタの断面 D-STEM 像

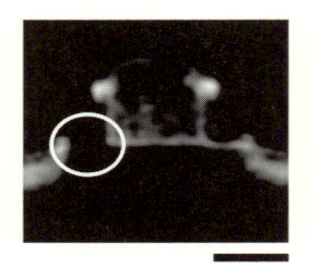

(e) 特性不良箇所のトランジスタの断面 EDX 像

(提供) NEC エレクトロニクス㈱ 井手隆氏

図 2.60 SEM 中で針をモニタしながらプロービングする例

は特に異常な点は発見できなかった。図2.60(d)は特性不良トランジスタの断面 D-STEM(暗視野 STEM)像である。この像からも特に異常な点は発見できなかった。図2.60(e)は特性不良箇所のトランジスタの断面 EDX 像(As のマッピング像)である。この像から白丸印部分には As がないことが判明した。これがトランジスタ特性異常の原因であった。

(2) SEM ベースの方法
① 電位コントラスト法
　EB テスタの基本原理と同じである。図2.61 を参照して説明する。電子ビームを照射した際発生する2次電子は、発生箇所の電位が 0V の場合には障害なく2次電子検出器に到達するが、発生箇所の電位が 3V の場合は電界により引き戻されるため2次電位検出器に到達する量が減る。上述の SEM ベースのナノプロービング法などのプロービングと組み合わせて用いることで、より有効な解析法となる。
　FIB でも同様の原理で電位コントラストが得られる。電位コントラストを得るには FIB の方が有利な点もある。すなわち、チャージアップ(電荷蓄積)により電位コントラストが得られなくなった場合、FIB ではチャージを逃がすための加工ができる。

② 吸収電流利用法(RCI または EBAC)
　電子ビームをサンプルに照射すると電子の一部は GND に流れ込む。これは

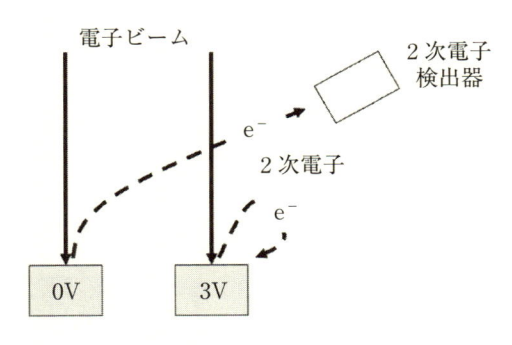

図2.61　電位コントラストの仕組み

吸収電流と呼ばれている。金属針でプロービングしているとその金属針にも電流は流れる。どこにどの程度の電流が流れるかはビーム照射位置と GND や金属針までの抵抗値などによって決まる。金属針に流れ込む電流や電位を、電子ビームを走査しながら像にする方法は **RCI** 法と呼ばれている。RCI 像を見ることで高抵抗や断線、ショートやリークの位置を絞り込むことができる。日本では最近になってこの方法がリバイバルし、**EBAC**(Electron Beam Absorbed Current)と呼ばれているが、最初の提案者の命名を使用するのが正当かと思うので、本書では RCI という名称を前面に出す。ただし、EBAC という名称に慣れた読者のためにこのように記す。

　断線の場合について図 2.62 を参照して説明する。図 2.62(a)が正常な配線の場合、図 2.62(b)が断線のある配線の場合である。図 2.62(a-1)は正常な配線の場合の観測の構成の概念図である。電子ビームが配線のどこを照射しても、電流は電流検出器(A と記す)に流れ込む。従って、電子ビームを走査して、電流値強度を走査場所に対応させて得た像(RCI 像)は図 2.62(a-2)に示すような一様なコントラストである。一方、断線を含む配線を照射した場合は様子が異なる。図 2.62(b-1)のように、照射位置と電流検出器の間に断線がある場合は、電流は電流検出器には流れ込まない。図 2.62(b-2)のように、照射位置が断線

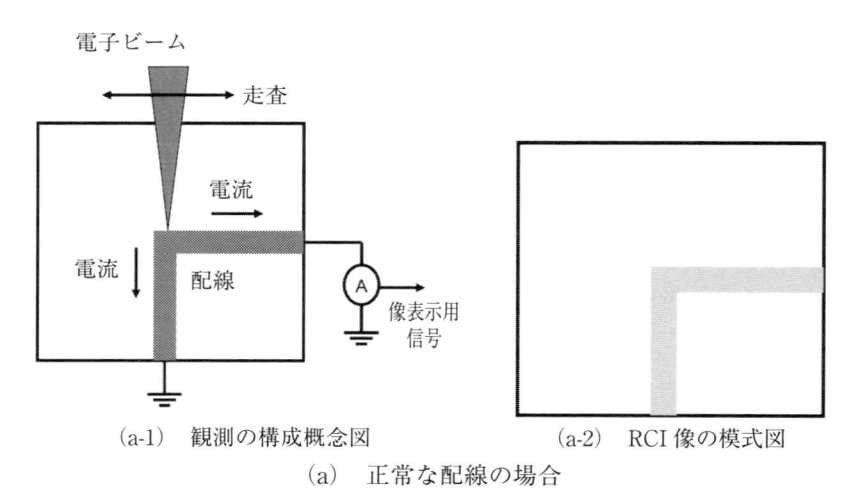

　　（a-1）　観測の構成概念図　　　　　（a-2）　RCI 像の模式図
　　　　　　　（a）　正常な配線の場合
　　　　図 2.62　RCI(EBAC)の仕組みと事例(1/3)

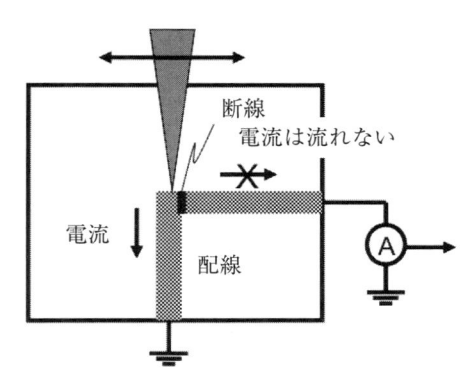

第 2 章　LSI 故障解析技術概論

（b-1）　検出器と反対側に電子ビームが照射された場合の観測の構成概念図

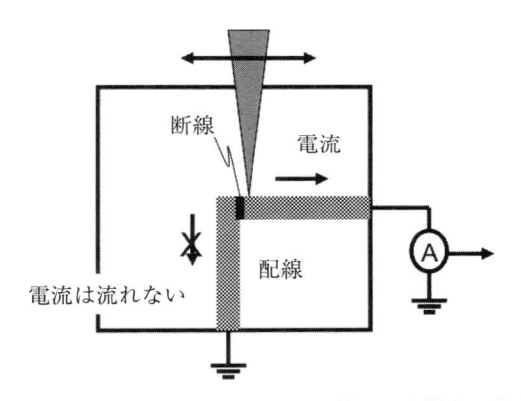

（b-2）　検出器と同じ側に電子ビームが照射された場合の構成概念図

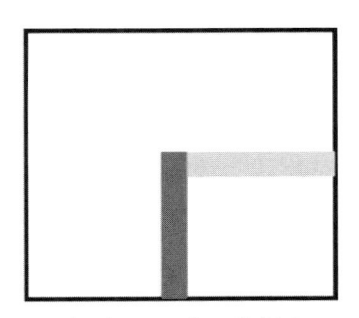

（b-3）　RCI 像の模式図

（b）　断線がある配線の場合

図 2.62　RCI（EBAC）の仕組みと事例（2/3）

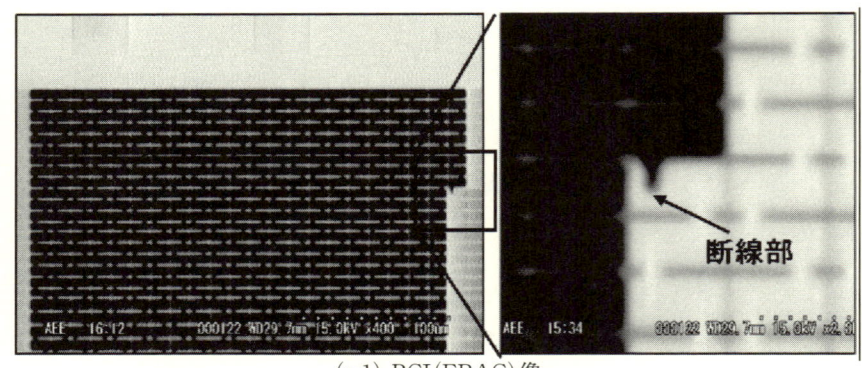

(c-1) RCI(EBAC)像

(c-2) 断面 TEM 像

(c) 断線検出例

（出典） 真島敏幸他、日本信頼性学会誌、Vol.25、No.3、pp.303-304、2003
図 2.62　RCI(EBAC)の仕組みと事例(3/3)

位置より検出器よりにある場合は、検出器に電流が流れ込む。このような状況を反映して、RCI像は図2.62(b-3)のように、断線部を境にして異なるコントラストが得られる。

　前述のナノプロービングと組み合わせることで、GNDや検出器の位置を自由に変更でき、より有効な解析法となる。

　断線を検出した事例を図2.62(c)に示す。図2.62(c-1)がRCI(EBAC)像であ

る。コントラストの差として断線被疑箇所が明確にわかる。この箇所の断面を FIB でだし、TEM で観測したのが図 2.62(c-2)である。

2.5.3 物理化学的解析手法
(1) FIB(集束イオンビーム)
① FIB の基本 3 機能

FIB(集束イオンビーム)装置で、現在実用化されているのは Ga イオンを用いた装置である。FIB には多くの応用がある。その多くの応用を可能にした基本的な 3 つの機能を図 2.63 に示す。

図 2.63(a)に示すスパッタリング機能、図 2.63(b)に示す金属・絶縁膜堆積機能、図 2.63(c)に示す観察機能がその基本 3 機能である。図 2.63(a)に示すように、細く絞った Ga イオンをサンプルに照射すると、照射された箇所にあった原子やクラスターが飛び出してくる。この効果により、微細加工が可能になる。図 2.63(b)に示すように、アシストガスを噴きつけながらイオンを照射すると、照射した箇所に金属や絶縁物が堆積される。この機能とスパッタリング機能を組み合わせることで、断面出しや配線修正など多くの機能が可能になる。図 2.63(c)に示すように、イオンビームを走査しながら照射位置から出てきた 2 次電子や 2 次イオンを検出しその強度を像にすることで、SIM(Scanning Ion Microscope、走査イオン顕微鏡)像が得られる。SIM 機能があることで、加工をモニタしながら行える。

② FIB の多彩な応用

FIB の多彩な応用は大きく 3 つに分類できる。①断面出しとその場観察、②他の解析法の前処理:TEM 試料作製など、③多結晶金属の結晶粒(グレイン)微細構造観察、である。この順に説明する。

1) 断面出しとその場観察

断面出しとその場観察の手順を図 2.64 に示す。まず、図 2.64(a)に示すように、断面を出したい箇所に C や W などを堆積する。これは断面を出した際、その縁が崩れないようにするためである。その後、図 2.64(b)に示すように断面出しを行う。短時間で行うためには、見たい断面から離れたところは浅く掘る。また、最初はビーム電流を多くすることで掘るスピードを上げ、最後にビ

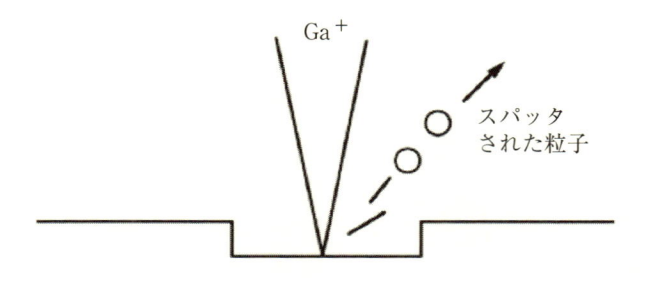

(a) スパッタリング

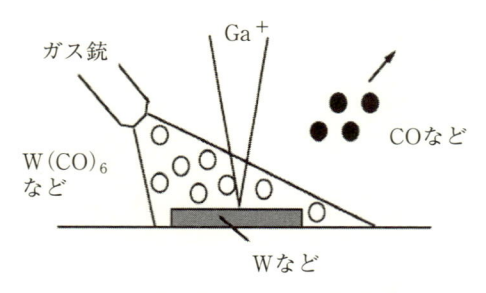

(b) 金属・絶縁膜堆積

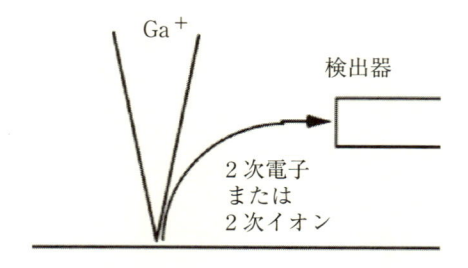

(c) 観察(SIM)

図 2.63　FIB の基本 3 機能

ーム電流を少なくして精細に仕上げる。断面が出たら、イオンビームが照射される上方から見えるように試料を傾けて、図 2.64(c)に示すように SIM 観察を行う。

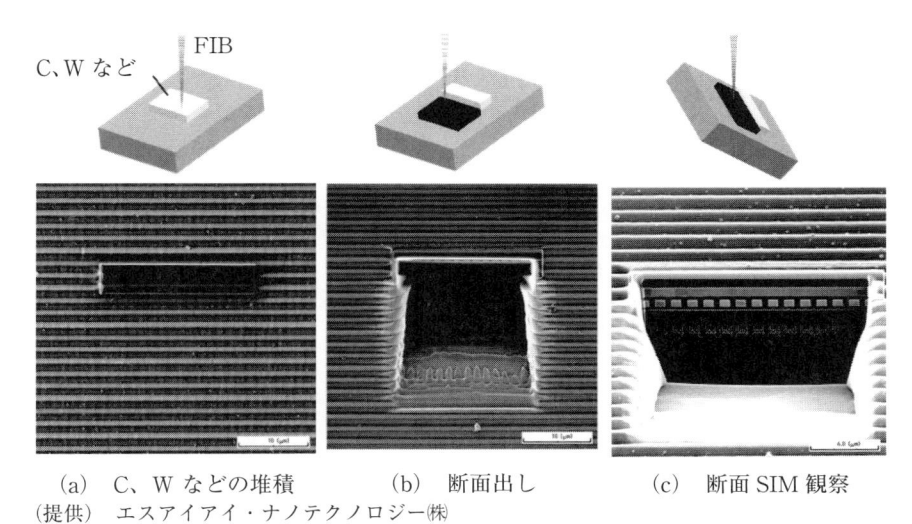

(a)　C、W などの堆積　　　(b)　断面出し　　　(c)　断面 SIM 観察
(提供)　エスアイアイ・ナノテクノロジー㈱

図 2.64　断面出しとその場観察の手順

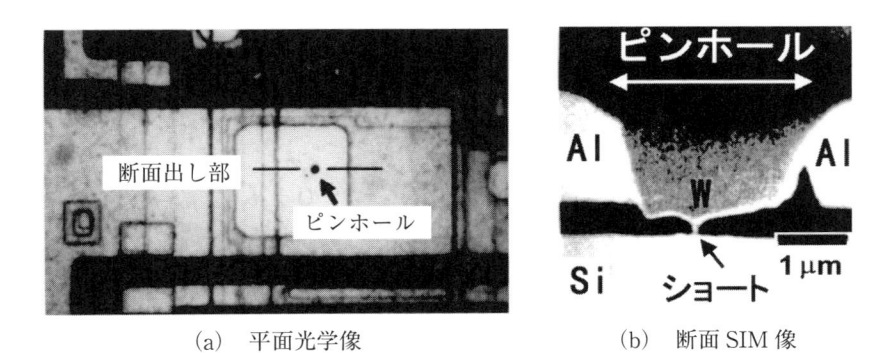

(a)　平面光学像　　　(b)　断面 SIM 像

図 2.65　FIB 断面出しとその場観察の工程不良への応用：世界初(1988)

図 2.65 がこのような方法で工程不良品の断面出しとその場観察を行なった例である。図 2.65(a) に示すように光学顕微鏡では黒点としか見えなかった箇所で、図 2.65(b) に示すようにショートが起きていることを発見した(世界初のFIB の故障解析へ応用)。本書の断面 SIM 像はすべてこのような方法で観測したものである。

2) 他の解析法の**前処理**：TEM 試料作製など

SEM や TEM/STEM での断面や平面観察の際の試料の前処理、プロービングのためのパッドの引き出し、電位コントラスト観測の際の帯電防止のための加工など多くの用途がある。

ここでは、TEM 試料作製法について図 2.66 を参照しながら説明する。まず、IR-OBIRCH 法などの非破壊絞り込み法で絞り込んだ箇所に FIB でマーキングし、その後、図に示すような形状と寸法（例）になるようにダイサーで加工する。最後に FIB で狙った箇所を $0.1\,\mu m$ 程度の厚さになるように加工する。この方法は 1989 年に Kirk らにより考案された方法であるが、その後ダイサーを使わずに FIB だけで試料作製する方法も考案され実用化されている。その場合は薄く切り出した試料は金属プローブなどの先端に付着させ、TEM 用試料台に載せる。

本書の断面 TEM/STEM 像はすべてこのような方法での前処理がなされたものである。

3) **多結晶金属の結晶粒（グレイン）微細構造観察**

図 2.67 に FIB で断面を出し、SIM 像でその場観察した例を示す。このサンプルはエレクトロマイグレーション試験を行い、抵抗が増大した箇所を OBIRCH 法で検出し、その断面を FIB で出したものである。上層配線の実線の丸で囲った箇所で 10 個程度の結晶粒（それぞれが単結晶）が異なるコントラストで見えている。このようなコントラストは**チャネリングコントラスト**と

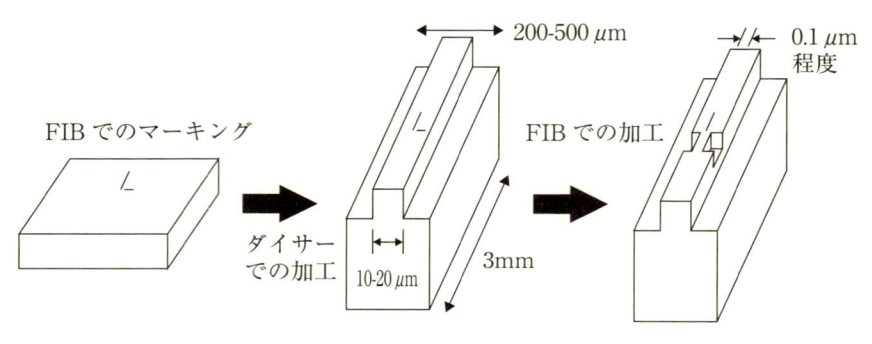

図 2.66　TEM 用試料作製の手順

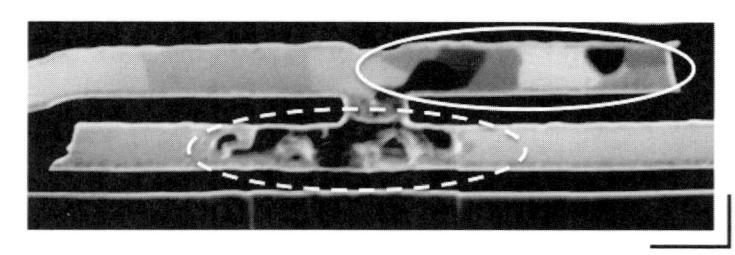

図 2.67 チャネリングコントラストによる結晶粒の観察

呼ばれている。このコントラストの違いの原因は Ga イオンが表面付近でどれだけ 2 次電子を放出したかの違いによる。2 次電子の放出量の違いは結晶方位の違いによる。Ga イオンから見て密な結晶方位では 2 次電子が多く放出され、明るく見え、粗な結晶方位では 2 次電子の放出量は少なく、暗く見える。

一方下層配線の点線の丸で囲った箇所ではボイド（穴）がコントラストの違いで見えている。これは形状の違いによる 2 次電子の放出量を反映したもので、次の節で説明する SEM で形状が見える仕組みと同じ仕組みで凹凸が見えている。

(2) SEM（走査電子顕微鏡）

SEM の主な機能は形状の観察と電位の観察である。

図 2.68(a)を参照して SEM で**表面形状が観察できる仕組み**を説明する。図 2.68(a)に示したように 2 次電子の脱出深さは、1 次電子ビームに垂直な面でも斜めの面でも、表面からの距離が同じで、数 nm 程度である。したがって、図 2.68(a)を見ればわかるように、1 次電子ビームが脱出深さを通る距離は、ビームに垂直な面より、斜めの面の方が長くなる。その結果、ビームと垂直な面より斜めの面からの方が多くの 2 次電子が真空中に飛び出す。これがコントラストとなり、凹凸として認識される。

図 2.68(b)に SEM 像の例を示す。図 2.68(b-1)は、金メッキした銅リード間に、電気化学的マイグレーションで成長したデンドライトの SEM 像である。図 2.68(b-2)は、エレクトロマイグレーションにより発生したウィスカの SEM

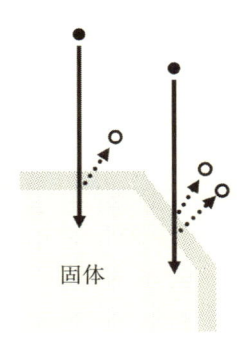

```
        :2次電子脱出深さ
         数 nm 程度
● :1次電子
○ :2次電子
```

(a) 仕組み

(b-1) リード間に成長した銅のデンドライト

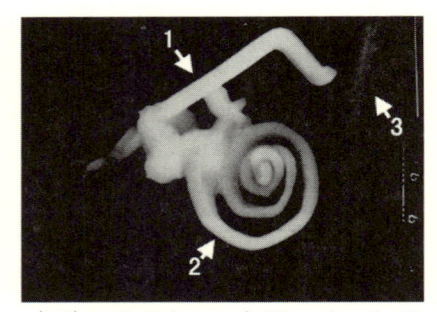

(b-2) エレクトロマイグレーションで発生したウィスカ

(b) 事例

図 2.68　SEM で表面形状が観察できる仕組みと事例

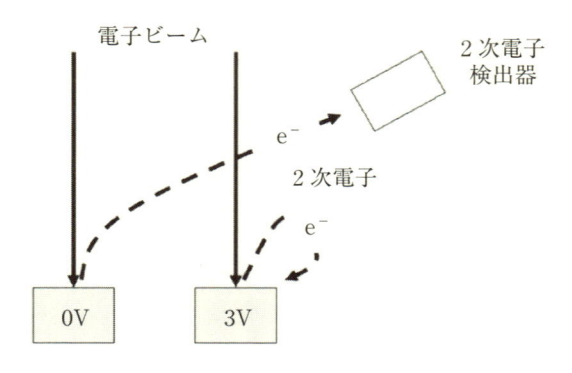

図 2.69　SEM で電位コントラストが得られる仕組み

像である。

次に、図2.69を参照してSEMで電位コントラストが得られる仕組を説明する。電子ビームと垂直な面をもった2本の配線のコントラストを考える。一方が0Vで他方が3Vの電位であるとする。図2.69に示すように0Vの配線から出た2次電子は何の障害もなく2次電子検出器に到達するが、3Vの配線から出た2次電子は配線に引き戻される。これが、非常に単純化した電位コントラストの仕組みである。

(3) TEM(透過電子顕微鏡)/STEM(走査型透過電子顕微鏡)

TEMとSTEMでは通常はともにSEMより高い加速電圧(LSIの解析に使われるものは100〜300kV)を用い、薄い試料(100nm程度)を電子ビームが透過する。TEMでは電子ビームが試料を透過後、結像し像を得る。STEMでは細く絞ったビームを走査し、透過電子か散乱電子を検出し像を得る。

TEMの仕組みの概念を図2.70(a)を参照して説明する。図2.70(a)では簡単のために電子光学系のレンズなどは省略した。TEM像の結像の原理は通常の

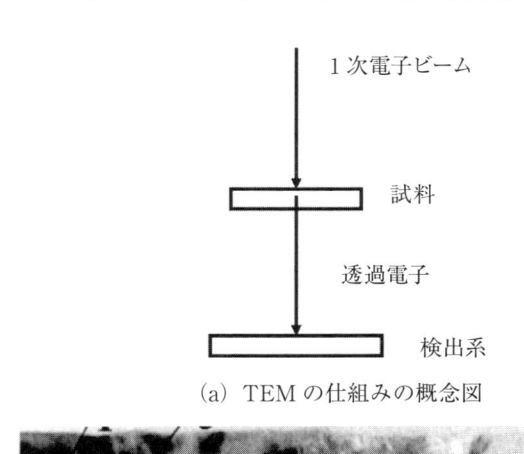

(a) TEMの仕組みの概念図

(b) TEM像の例

図2.70　TEMの仕組みの概念図とTEM像の例

光学顕微鏡と同じである。図 2.70(a) に示すとおり試料に照射された電子ビームは試料を透過し、電子ビームが照射された試料部分の拡大投影像が検出系で得られる。図 2.70(b) に TEM 像の例を示す。形状だけでなく回折コントラスト（**電子線回折**に由来するコントラスト）も見られる。同じ領域を観察した図 2.71(b) の STEM 像と比較すると違いがよくわかる。この TEM 像を取得した背景などの詳細は第 3 章の故障解析事例で述べる。

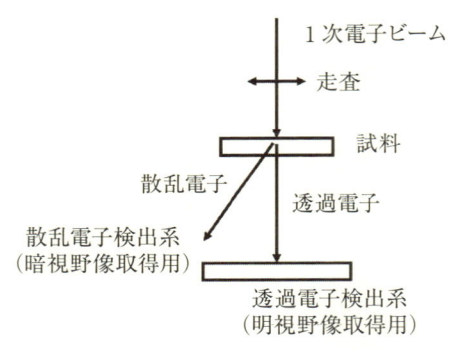

(a) STEM の仕組みの概念図

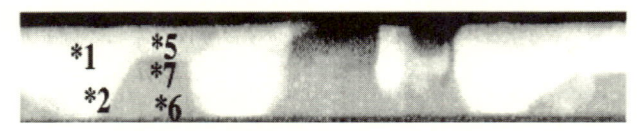

(b) STEM 像の例

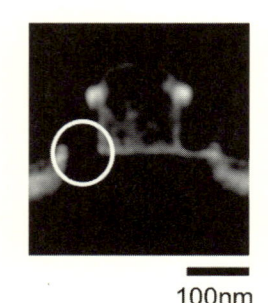

(c) 元素マッピングの例

図 2.71　STEM の仕組みの概念図、STEM 像、元素マッピングの例

次に、STEMの仕組みの概念を図2.71(a)を参照して説明する。ここでも簡単のためにレンズなどは省略した。像は、図2.8の「走査像の仕組み」で示したような仕組みで得られる。TEMの場合よりもビームを細く絞り、そのビームの走査により像を得る。透過電子による像は明視野像、散乱電子による像は暗視野像と呼ばれる。通常のTEMでもSTEMモードが付いているものがあるが、最近ではSTEM専用機も利用されている。暗視野STEM像の例を図2.71(b)に示す。形状だけでなく元素の違いによるコントラストが見られる。この例では明るい箇所でTiが多く、暗い箇所でSiが多い。TEM像と異なり回折コントラストは見られない。図2.70(b)のTEM像と比較すると違いがよくわかる。このSTEM像を取得した背景などの詳細は第3章の故障解析事例で述べる。電子ビームを絞って走査するためその際発生する特性X線を像にすることでEDX（原理などは次節参照）による元素マッピングもできる。図2.71(c)に元素マッピングの例を示す。MOSトランジスタの断面でAs（砒素）の存在箇所をマッピングした例である。丸で囲った箇所でAsが欠落していることがわかる。なお、このAsマッピング像を取得した背景などの詳細は図2.60の説明を参照されたい。

(4) EDX（エネルギー分散型X線分光法）

EPMA（Electron Probe Microanalysis）の内、特性X線のスペクトルをエネルギー分散で分光する方法を**EDX**という（波長分散で分光する方法は**WDX**という）。EDXはSEMやTEM/STEMに取り付けて用いる。

特性X線発生の仕組みを図2.72(a)に示す。図2.72(a)では簡単のためにK殻やL殻の内部構造を省略してある。励起電子がK殻の電子をはじき出す(2.72(a)左の図)と空席となった席にL殻の電子が落ちてくる(2.72(a)右の図)。その際電子が元いた席と新たな席の間のエネルギー差に相当するエネルギーのX線が発生する。このエネルギーは原子の種類やその周囲の状態に固有であるため、このエネルギー値を知ることで、元素分析や状態分析ができる。EDXではX線のエネルギースペクトルを知るために、エネルギーで分光しスペクトルを得る。スペクトルの一部のあるエネルギー範囲に窓を設け、電子ビームを走査したり、試料を走査することで元素マッピングできる。

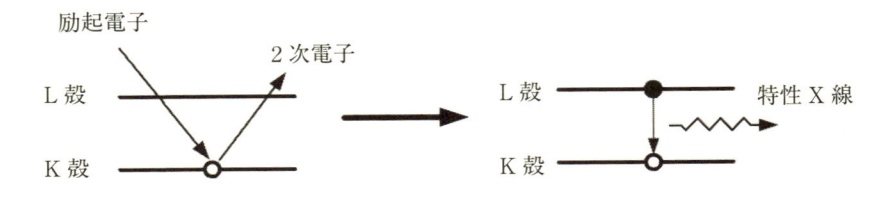

励起電子
2次電子
L殻
K殻

L殻
K殻
特性X線

○：電子の空席　　●：電子の占有席

(a) 特性X線発生の概念図

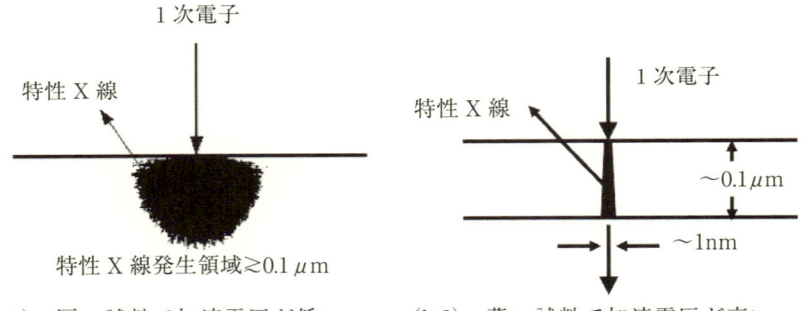

1次電子
特性X線
特性X線発生領域≳0.1μm

(b-1) 厚い試料で加速電圧が低い
（～10kV）場合

1次電子
特性X線
～0.1μm
～1nm

(b-2) 薄い試料で加速電圧が高い
（～300kV）場合

(b) 特性X線の発生領域

(c-1) SEM像 　　　　　　（c-2) EDX像（銅の元素マッピング）
(c) EDXでの解析事例：銅のデンドライト成長

図2.72　EDXの仕組みと分析事例

元素マッピングなどでのEDXの空間分解能は、SEMに取り付けた場合とTEM/STEMに取り付けた場合で異なる。分解能の差は、試料の厚さと電子ビームの加速電圧に起因する。図2.72(b)を参照して説明する。図2.72(b-1)はSEMに取り付けた場合で、加速電圧は低く（～数十V）、試料は厚い場合である。1次電子ビームが試料に入射後、試料中で広がり、広がった全範囲から特性X線が発生し、それが（一部試料中で減衰するが）検出される。このため、特性X線の発生領域（最低でも0.1μm程度）の約0.1μmの分解能が限界である。一方、TEMに取り付けた場合は図2.72(b-2)に示すように、試料が0.1μm程度と薄い上に、電子ビームの加速電圧が100～300kVと高いため、電子ビームは試料中をほとんど広がらずに透過する。このため横方向はnmオーダの分解能が得られる。

SEM中に取り付けたEDXでの元素マッピングの例を図2.72(c)に示す。図2.72(c-1)はSEM像、図2.72(c-2)は対応する箇所の銅のEDXマッピング像である。リード部は銅に金メッキが施されている。電界がかかったリード間で、銅が電気化学的マイグレーションによりデンドライト成長して、リーク不良を起こしたサンプルである。EDX像でリード部分に銅がないように見えるのは、銅の特性X線が金に吸収されて、検出器まで届かないためである。

TEMにEDXを取り付けた場合の元素マッピングの例は図2.71(c)を参照されたい。

(5) EELS（電子線エネルギー損失分光法）

電子ビームが試料を透過する際のエネルギー損失のスペクトルから、**元素同定**や**状態分析**を行う。EDXよりも軽い元素に対して感度が良いことや、エネルギー分解能が高いため状態分析もできることなどから、最近では日常の故障解析にも使われるようになってきている。TEM/STEMに取り付けて用いる。EELSで状態分析を行った例を図2.73に示す。図2.73の右側のスペクトルは、左側のTEM像で四角く囲った箇所で縦方向に0.66nm単位でずらしながらEELSスペクトルを取得したものである。上から順にPoly（多結晶）Si、SiO、SiN、SiO、Poly Siに対応して、同じSiでも異なるスペクトルが見られる。このような状態分析はEDXでは非常に困難である。

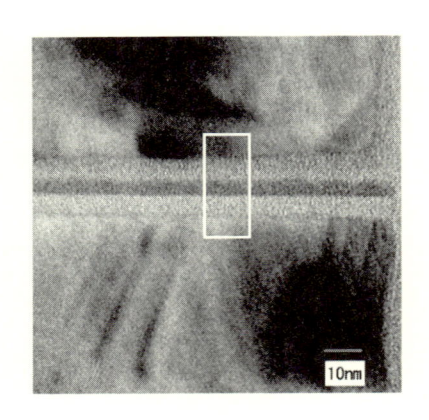

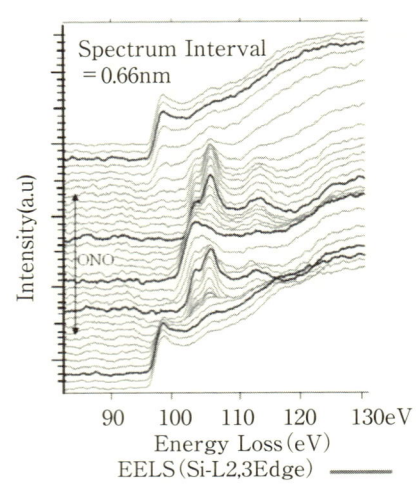

TEM像

EELS(Si-L2,3Edge)

（出典）　朝山、小川、矢野、第 20 回分析電顕検討会予稿、pp.41-47(2004)

図 2.73　EELS での分析事例

(6)　AES（オージェ電子分光法）

　試料が厚い場合には前述のように EDX では（平面方向、深さ方向とも）高々 0.1 μ 程度の空間分解能しか得られない。100nm 以下のごく表面を分析したい時には AES を用いればよい。AES の仕組みと事例を図 2.74 に示す（口絵カラー参照）。

　図 2.74(a) に**オージェ電子の発生原理**を示す。図 2.72(a) の特性 X 線発生の

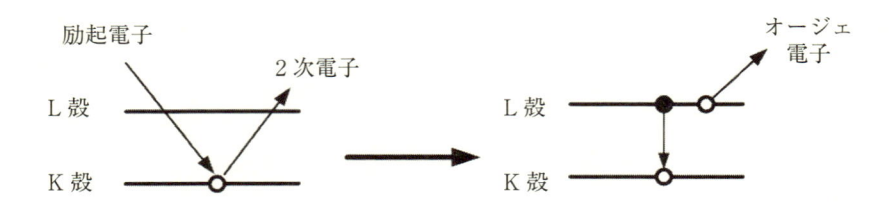

○：電子の空席　　●：電子の占有席

(a)　オージェ電子発生の仕組み

図 2.74　AES の仕組みと事例(1/2)

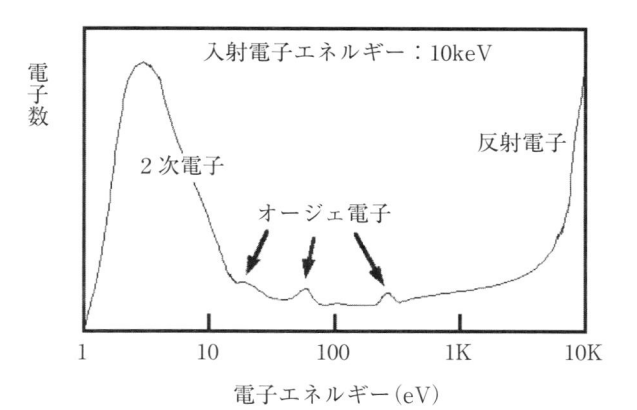

第 2 章　LSI 故障解析技術概論

　　　　入射電子エネルギー：10keV

電子数

2 次電子

オージェ電子

反射電子

電子エネルギー(eV)

(b)　オージェ電子のエネルギー領域

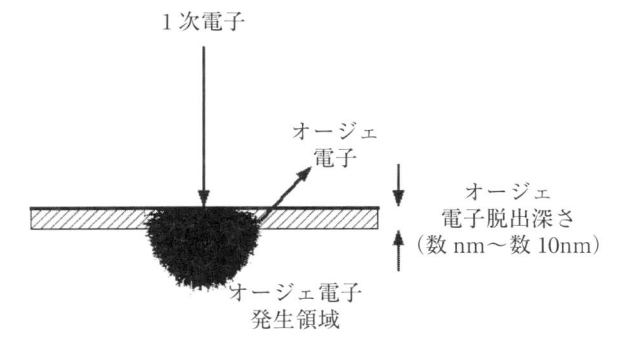

1 次電子

オージェ電子

オージェ電子脱出深さ
(数 nm～数 10nm)

オージェ電子発生領域

(c)　オージェ電子の発生領域と脱出深さ

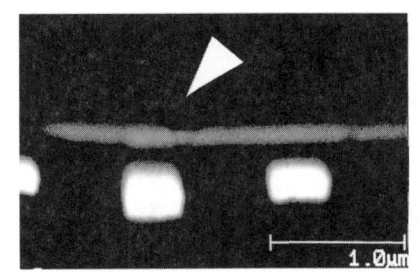

(d)　FIB 加工断面の SEM 観察結果

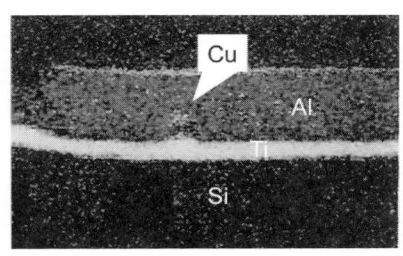

(e)　異物周辺の AES マッピング
　　　(口絵カラー参照)

(出典) (d)、(e)：© LSI テスティング学会 2008、伊藤元剛「オージェ電子分光法(AES)とその故障解析への応用」、『LSI テスティングハンドブック』、3 編 6 章 6.14、p.415、図 2(a)、(d)(2008)

図 2.74　AES の仕組みと事例(2/2)

過程と途中までは同じである。左側の励起電子がK殻の電子を叩き出し、その電子がいたところが空席になる過程と、その後右図のようにL殻の電子がその空席に落ち込み空席を埋めるところまでは、特性X線発生の過程と同じである。異なるのは、特性X線発生と同時に（ある確率で）L殻の電子が飛び出すことである。この電子を現象の発見者の名前にちなんでオージェ電子と呼ぶ。特性X線と比べるとオージェ電子の方が軽元素での発生確率が高い。

次にAESで表面分析ができる理由を説明する。オージェ電子のエネルギー領域とその結果としての脱出深さが関係するので、この順に説明する。

図2.74(b)は10keVの1次電子ビームを照射した際に発生する各種電子のエネルギー分布である。オージェ電子は2次電子ほどではないものの数百eV以下の低いエネルギーである。次に、図2.74(c)のオージェ電子発生領域とオージェ電子脱出深さの違いに注目されたい。オージェ電子発生領域は特性X線発生領域（図2.72(b)）と同じように広いが、特性X線と異なるのは、試料から脱出できる領域が浅い点である。特性X線の場合は発生したX線のほとんどは試料から脱出できるため、空間分解能は特性X線発生領域とほぼ同じであった。一方、オージェ電子の場合には、前述のようにエネルギーが低いため、発生した電子の内、数nm〜数10nmより深いものは脱出できない。その結果、横方向の分解能は電子ビーム径で決まるが、深さ方向の分解能はEDXより小さい数nm〜数十nmの値が得られる。

図2.74(d)(e)に断面の表面を観測した事例を示す。図2.74(d)は断面SEM像、図2.74(e)がAESマッピング像である。図2.74(d)の断面SEM像で矢印を付けた箇所の析出物が、図2.74(e)のAESマッピング像をみることで、銅の析出物であることがわかる。

第3章

故障解析事例

この章では、第2章で紹介した各種の故障解析技術・手法・装置を用いて故障解析を行なった事例を紹介する．

まず、DRAM を IR-OBIRCH などで解析した事例である。

次にロジック LSI(システム LSI)の解析事例を6例紹介する。6例の内2例はエミッション顕微鏡(PEM)での解析例、2例は IR-OBIRCH での解析例、1例は IR-OBIRCH と PEM を組み合わせた例、1例は動的な方法を含む絞り込み手法を総動員した例である。PEM を用いた2例の内、1例は熱放射以外の例、1例は熱放射の例である。IR-OBIRCH を用いた2例は LSI テスタと静的にリンクした例で、その内1例は明コントラストで他は暗コントラストで、ショート箇所を検出したものである。

さらにパワー MOSFET、チタンシリサイド(TiSi)配線、銅配線の解析例を紹介する。

最後の3例はパッケージ部の解析事例である。パッケージ中のボイドの検出例、BGA の接続不良の検出例は X 線 CT によるものである。最後のリード間に発生したデンドライトの検出事例は、最近実用化されたロックイン利用発熱解析法で発熱箇所を絞り込んだ後、X 線 CT でデンドライトを観測したものである。

3.1 DRAM の IR-OBIRCH などによる解析事例

図 3.1 に DRAM の故障解析事例を示す。図 3.1(a) は IR-OBIRCH 像、図 3.1(b) は同じ箇所の光学像である。IR-OBIRCH 像で電流経路が黒いコントラストで見えている。

その右端部で白いコントラストの箇所がある。この白いコントラストの箇所を拡大して観察した結果が図 3.1(c) である。図 3.1(c) では光学像と IR-OBIRCH 像を重ね合わせて示す。図 3.1(d) は白いコントラスト箇所の断面

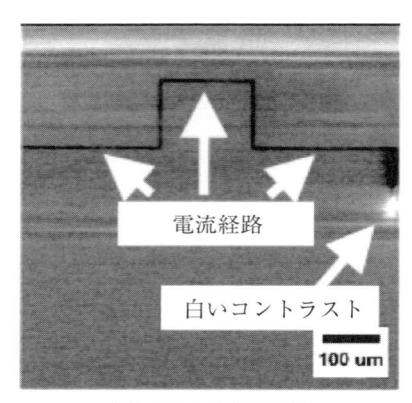

(a) IR-OBIRCH 像

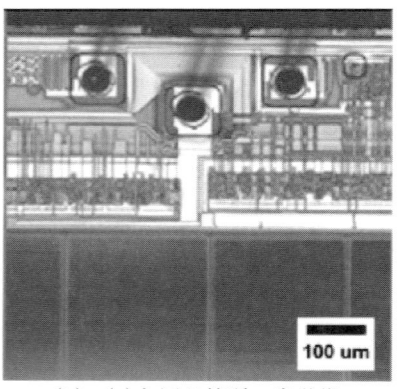

(b) (a)と同じ箇所の光学像

(c) 白いコントラスト箇所の IR-OBIRCH 像と光学像の重ね合わせ

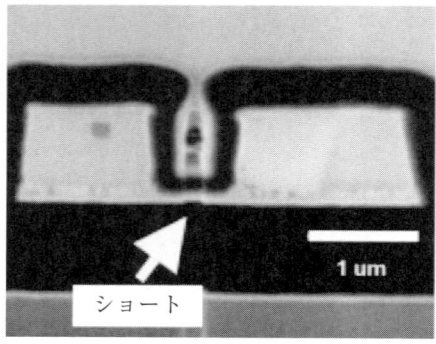

(d) 白いコントラスト箇所の断面 SIM 像

図 3.1 DRAM の故障解析事例(1/2)

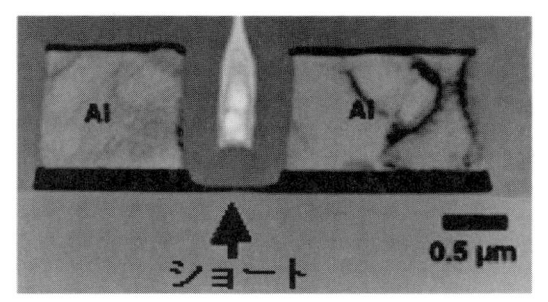

第 3 章　故障解析事例

(e)　白いコントラスト箇所の断面 TEM 像

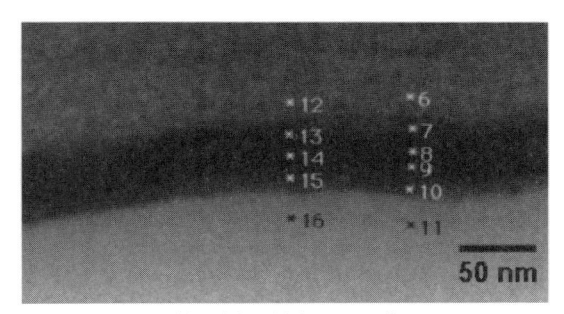

(f)　(e) の拡大 TEM 像

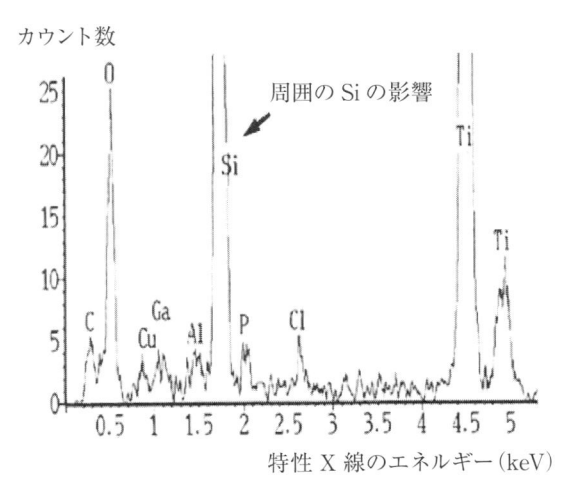

(g)　点 14 の EDX スペクトル

図 3.1　DRAM の故障解析事例(2/2)

SIM像である。これから白いコントラストの箇所は配線間のショート箇所であったことがわかる。

この箇所の元素分析を行うために、断面を100nm程度まで薄く切り出しTEMで観察したのが(e)である。ショート箇所をTEMで拡大観察したのが(f)である。(f)中に番号を付けた箇所をEDXで観測した。その際、サンプルの厚さは100nm程度まで薄くしてあるので、EDXでの点分析の際の分析範囲は数nm程度である。(g)はショート箇所の中央である点14の分析結果である。Al配線のバリアメタルであるTiが残ってショートしていたことがわかる。このTiが合金を作っていたために**負のTCR**による白いコントラストが観察されたこともわかる。

3.2 ロジックLSI（システムLSI）の解析事例

この節では**ロジックLSI（システムLSIも含む）**の解析事例を、対象、解析手法などで分類し、紹介する。

3.2.1 エミッション顕微鏡などでの解析事例1：熱放射以外の発光

この事例では、単に電源電圧をかけただけでは発光しなかった。また、LSIテスタで種々の状態に設定しても発光しなかった。そこで、テストパターンを繰り返して流しながら観測したところ発光が見られた。このような方法を用いると、このテストパターンのどこかの状態で発光しているが、それがどのテストパターンかはわからない。どのテストパターンで発光しているかわからなくても故障箇所の絞り込みは行える。

図3.2(a)が低倍率で発光が見えた箇所の光学像と発光像の重ね合わせ像である。強烈に発光している。これは繰り返し同じテストパターンを入力するように設定して発表像を積算しながら待つため、その時間が長いと必ずしもその場にいるわけではないからである。いつ発光が見えてくるかわからない状況では他のことをしながら、しばらく放置しておくことがある。この事例でもこのように強烈な積算結果が見えてきた後で気がついたわけである。この箇所を高倍率にして観察した結果が図3.2(b)である。今度は発光することがわかっているため、発光が少し見えてきた時点で積算をストップしたので、発光が狭い範

第3章　故障解析事例

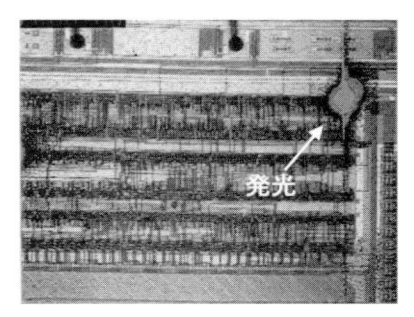

（a）　発光が見えた箇所の光学像と発光像の重ね合わせ像

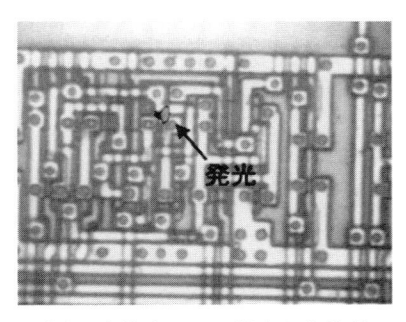

（b）　高倍率にして観察した結果

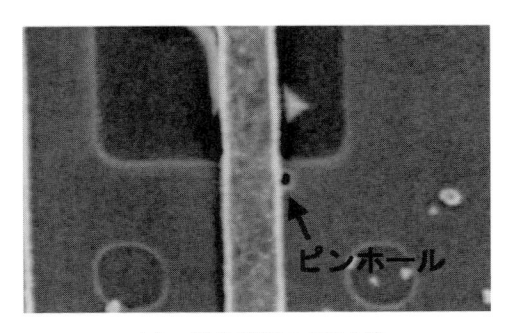

（c）　発光箇所の SEM 像

（提供）NEC エレクトロニクス㈱　小藪國広氏

図 3.2　エミッション顕微鏡で熱放射以外の発光を観測した事例：テストパターンループを利用

囲に見える状態で停止できた。発光の原因を探るため表面の保護膜と Al をエッチングして SEM 像で観察した結果が図 3.2(c) である。ゲート酸化膜の側面にピンホールが見える。

3.2.2　エミッション顕微鏡などでの解析事例2：熱放射による発光

図 3.3 にエミッション顕微鏡で解析した別の事例を示す（口絵カラー参照）。この事例では物理的解析に入る前に故障診断を行っており、故障診断により3つの候補に絞り込んだ。図 3.3(a) に回路上での故障候補の位置を示す。図 3.3(b) にはレイアウト上での故障候補の位置を示す。これらの情報を元にエミッション顕微鏡で観察した結果、候補1で発光が観測できた。図 3.3(c) にその結

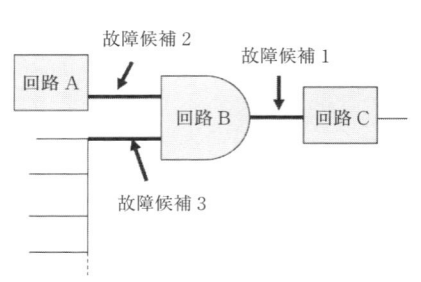

(a) 故障診断の結果：回路上での故障候補の位置

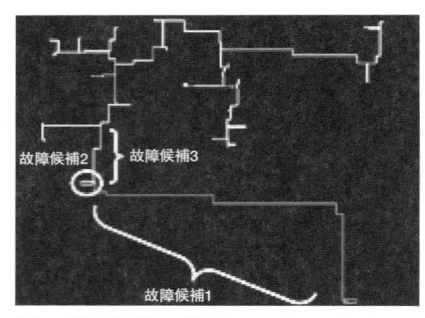

(b) 故障診断の結果：レイアウト上での故障候補の位置

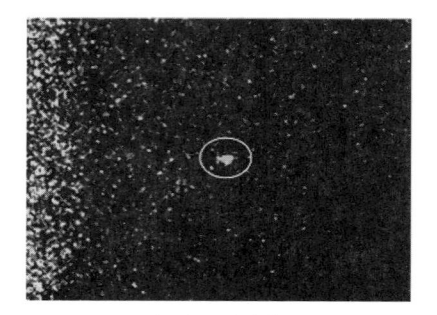

(c-1) 光学像　　　(c-2) 発光像
(c) 発光観測結果：赤外領域に感度のよい InGaAs 検出器を利用

図 3.3　エミッション顕微鏡で解析した事例：熱放射による発光（1/2）

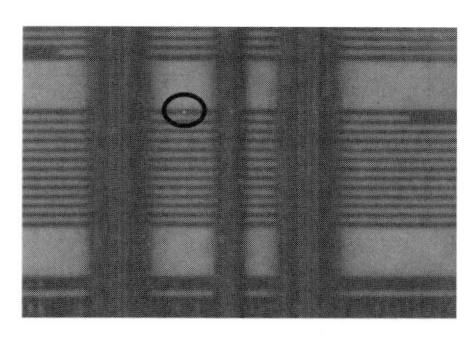

第 3 章　故障解析事例

（d）　発光箇所を上から走査レーザ顕微鏡で観察した結果（口絵カラー参照）

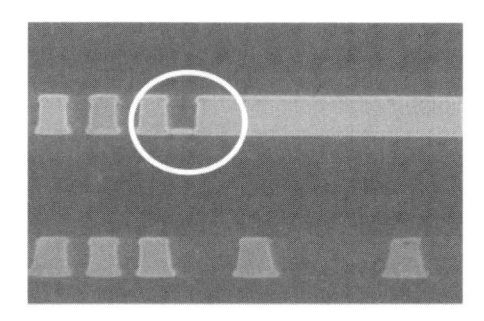

（e）　断面 SIM 像

図 3.3　エミッション顕微鏡で解析した事例：熱放射による発光（2/2）

果を示す。この発光観測では赤外領域に感度のよい InGaAs を用いた。発光のあった箇所を上から（白色光との組合わせで色付け可能な）走査レーザ顕微鏡で観察したところ図 3.3(d) に示すように GND 配線と信号線の間に異常箇所が見つかった。この箇所の断面を FIB で出し、SIM 像で観察したのが図 3.3(e) である。信号線と GND 配線がショートしていることがわかる。この欠陥は故障診断での予測結果であるスタック・アト・ゼロ（ゼロ論理への固定故障）と一致した。

3.2.3　IR-OBIRCH での解析事例 1：白いコントラストで配線間ショート検出

IR-OBIRCH 装置と LSI テスタを静的にリンクすることにより、I_{DDQ} 異常チ

ップの不良箇所が絞り込めた事例を 2 例紹介する(本項と 3.2.4 項)。

まず、この 2 例の背景を図 3.4(a) を参照して説明する。対象の 32 個のファンクション不良チップは、元々 EB テスタで解析した結果故障箇所が絞り込めなかったものである。その 32 個に対して、あらためて IR-OBIRCH、エミッション顕微鏡、EB テスタでの絞り込みを試みた。その結果どの手法で絞り込めたかを示したのが、図 3.4(a) である。32 個中 47% の 15 個は IR-OBIRCH で絞り込むことができ、28% の 9 個はエミッション顕微鏡で絞り込むことがで

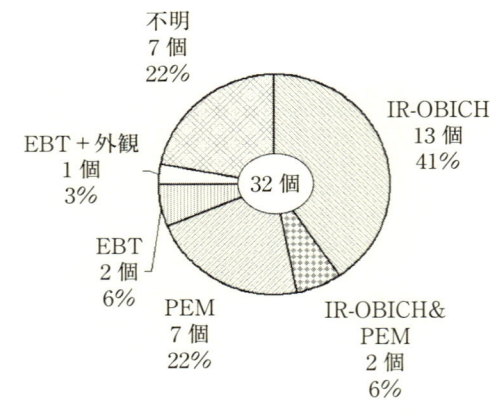

(a) 本節と次節の 2 例の背景

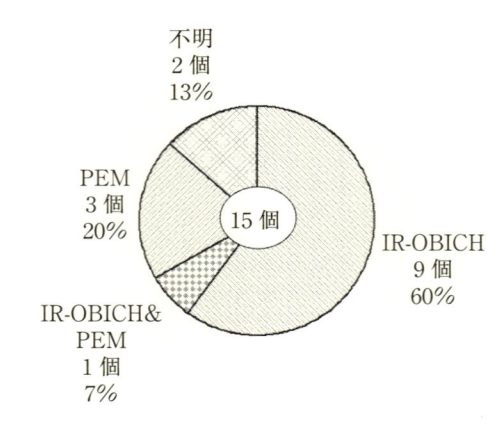

(b) I_{DDQ} 異常の 15 個の絞り込み結果

図 3.4　IR-OBIRCH での静的テスタリンク解析事例 1：白いコントラスト(1/2)

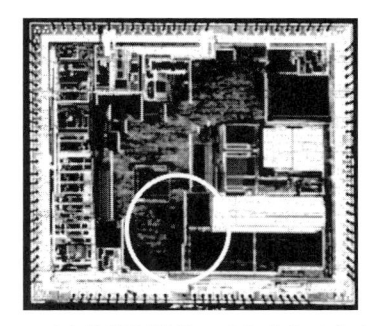

第 3 章 故障解析事例

(c) 一例目のチップ全体観測結果：重ね合わせ像（口絵カラー参照）

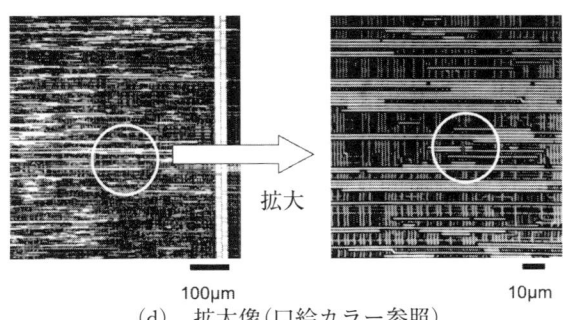

(d) 拡大像（口絵カラー参照）

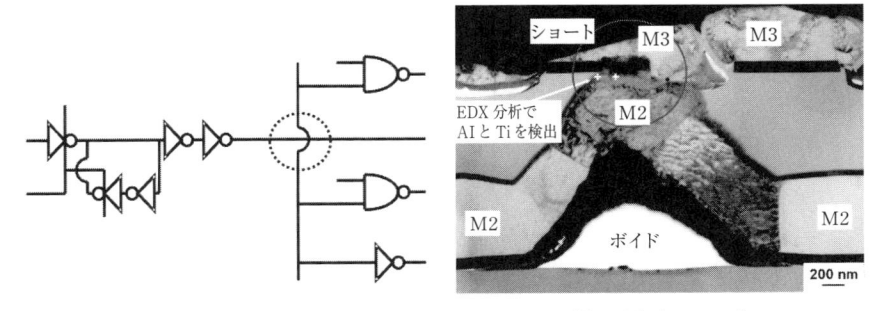

(e) 反応箇所の回路図での位置　　　　(f) 断面 TEM 像

(出典) 森本和幸、二川清、井上彰二、LSI テストシンポジウム、191(2000)
図 3.4　IR-OBIRCH での静的テスタリンク解析事例 1：白いコントラスト(2/2)

きた。内 2 個は IR-OBIRCH でもエミッション顕微鏡でも絞り込むことができた。電子ビームテスタでは 6% の 2 個、さらに外観検査を追加することで 3% の 1 個絞り込むことができた。22% の 7 個は故障箇所が不明であった。

32 個中 15 個で I_{DDQ} 異常を示すテストパターンが見つかった。この 15 個に対してどの手法で絞り込むことができたかを整理したのが、図 3.4(b) である。15 個中 67% の 10 個は IR-OBIRCH で絞り込むことができ、27% の 4 個はエミッション顕微鏡で絞り込むことができた。内 1 個は IR-OBIRCH でもエミッション顕微鏡でも絞り込むことができた。13% の 2 個は故障箇所が不明であった。

このように I_{DDQ} 異常を示すテストパターンが見つかれば、絞り込み確率は増すことがわかる。ファンクション不良のほとんどは I_{DDQ} 異常を示すと言われているので、この事例でも、さらに粘り強く I_{DDQ} 異常を示すテストパターンを探すことができれば、絞り込み確率は増したと思われる。

ここで取り上げる 2 事例は、このように I_{DDQ} 異常チップの不良箇所が絞り込めた中から選んだ 2 例で、1 例目（本節）は白いコントラストを示し 2 例目（次節）は黒いコントラストを示すものである。

まず、最初の事例を図 3.4(c)〜(f) を参照しながら説明する。図 3.4(c) にチップ全体を観察した結果を示す（口絵カラー参照）。光学像と IR-OBIRCH 像の重ね合せ像である。チップ中央の少し下付近（丸で囲ったところ）に白いコントラストが見られる。なお、重ね合せ像では白いコントラストは赤で表示している。この白いコントラスト付近を徐々に拡大して観察したところ、図 3.4(d) の右側の像のように、ミクロンオーダーまで絞り込むことができた。この白い（重ね合せ像では赤い）コントラスト部を回路上で示したのが図 3.4(e) である。点線の丸で囲った箇所が白いコントラストが見られたところである。レイアウト上では 2 層目配線と 3 層目配線が交差しているところであることがわかった。その箇所の断面 TEM 像を図 3.4(f) に示す。丸で囲った箇所でショートしていることがわかる。このショート箇所の十字印を付けた箇所を EDX で分析したところ Al と Ti が検出された。このような典型的な遷移金属合金ができていたため IR-OBIRCH で白いコントラストとして観測されたことがわかった。

3.2.4 IR-OBIRCHでの解析事例2：黒いコントラストで配線間ショート検出

次の事例は、黒いコントラストが見られたものである。この例も、前節の事例と同様 IR-OBIRCH 装置と LSI テスタを静的にリンクすることにより I_{DDQ} 異常チップの不良箇所が絞り込めた事例である（図 3.4(b) の 9 個の 1 つ）。

図 3.5 を参照して説明する。図 3.5(a) が IR-OBIRCH 像と光学像の重ね合せ像である（口絵カラー参照）。黒いコントラストは緑で表示してある。白丸で囲った箇所に黒い（緑の）コントラストが見える。EB テスタでの電位観測結果な

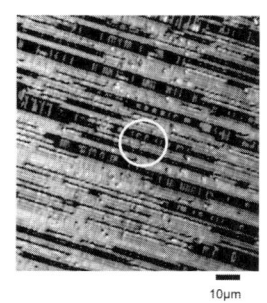

(a) IR-OBIRCH 像と光学像の重ね合せ像（口絵カラー参照）

(b) 故障被疑箇所の回路上での位置

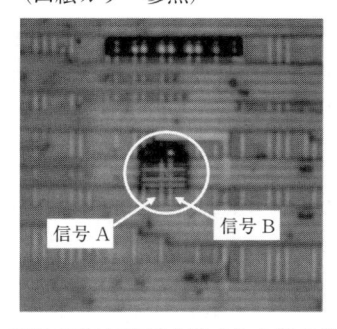

(c) FIBで3層目配線を除去した後の光学像（口絵カラー参照）

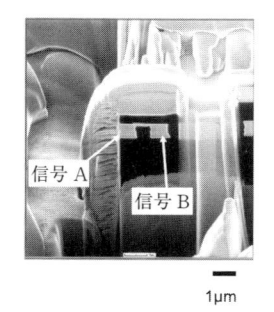

(d) 断面 SIM 像

（出典）　森本他、LSI テスティングシンポジウム（2000）

図 3.5　IR-OBIRCH での静的テスタリンク解析事例2：黒いコントラスト

ども総合して考えると3層目配線の下の2層目配線が怪しいとわかった。これらの情報を元に推測した、回路上での故障被疑箇所を図3.5(b)に示す。丸い点線で囲った箇所が黒いコントラストが見られた箇所である。図3.5(c)の丸で囲った箇所の3層目配線をFIBで除去した（口絵カラー参照）。信号線Aと信号線Bは2層目配線である。丸の中央付近の信号線AとBの間に異物が見える。この異物の箇所をFIBで断面を出し観察したのが図3.5(d)である。信号線AとBの配線の上部でショートしているのがわかる。調査の結果、この異物はアルミくずであることがわかった。

3.2.5 IR-OBIRCHとエミッション顕微鏡での解析事例：配線間ショート

図3.6にIR-OBIRCHとエミッション顕微鏡などで解析を行った結果、配線間ショートが見つかった事例を示す。図3.6(a)がチップ全体の発光像（光学像との重ね合わせ、口絵カラー参照）、図3.6(b)がチップ全体のIR-OBIRCH像（光学像との重ね合わせ、口絵カラー参照）である。図3.6(c)は発光群とOBIRCH反応箇所との関係を回路上で示す図である。図3.6(d)は反応箇所2の断面SIM像である。

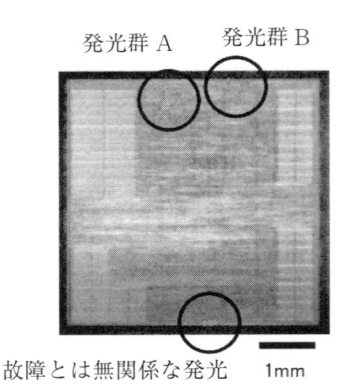

(a) チップ全体の発光像（光学像との重ね合わせ、口絵カラー参照）

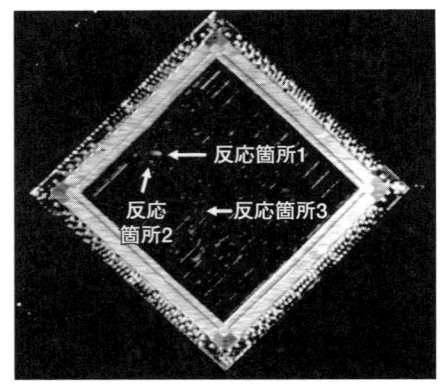

(b) チップ全体のIR-OBIRCH像（光学像との重ね合わせ、口絵カラー参照）

図3.6 IR-OBIRCHとエミッション顕微鏡などで解析した事例：配線間ショート（1/2）

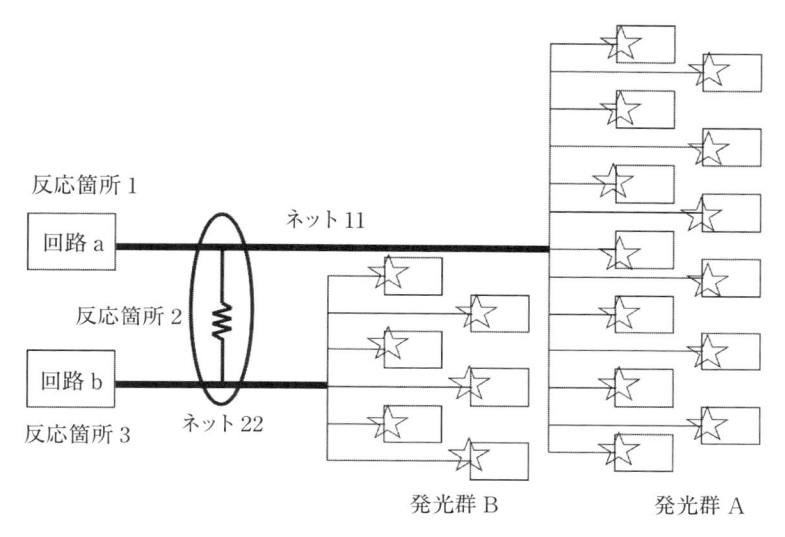

第 3 章 故障解析事例

```
        反応箇所 1
        ┌─────┐      ネット 11
        │回路 a│━━━━━━━━━━━━━━━
        └─────┘   ╲
            反応箇所 2
        ┌─────┐   ╱
        │回路 b│━━━━━━━━━━━━━━━
        └─────┘
        反応箇所 3  ネット 22
                        発光群 B     発光群 A
```

(c) 回路上での発光群と IR-OBIRCH 反応箇所との関係

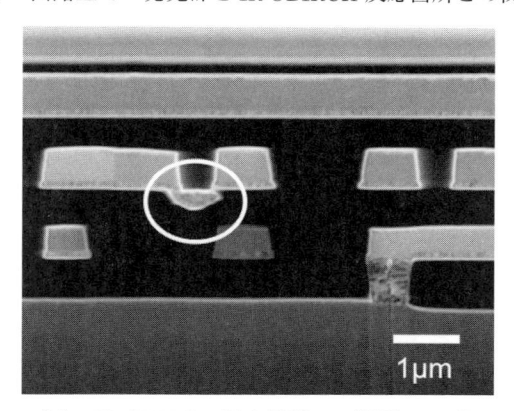

(d) IR-OBIRCH 反応箇所 2 の断面 SIM 像

(提供) 内藤電誠工業㈱ 阿部恭大氏、NEC エレクトロニクス㈱ 久住肇氏

図 3.6 IR-OBIRCH とエミッション顕微鏡などで解析した事例：配線間ショート（2/2）

　図 3.6(a) のチップ全体の発光像を見ると 3 群の発光が見られる。下の発光群は故障とは無関係であることがわかっている。発光群 A と発光群 B が故障と関係しているとみられた。図 3.6(b) は IR-OBIRCH 像である。緑が黒いコント

ラストの箇所、赤が白いコントラストの箇所である。

図3.6(c)を見ると発光群(☆印は発光箇所を示す)とOBIRCH反応箇所の回路上での関係がわかる。回路aから出ているネット11の先に発光群Aの回路群がある。回路bから出ているネット22の先に発光群Bの回路群がある。IR-OBIRCHによる反応箇所1は回路a付近、反応箇所3は回路b付近から出ている配線である。ネット11とネット22が並走している箇所で反応2が見られた。図3.6(d)に示す断面SIM像から反応箇所2でショートしていることが判明した。なお、OBIRCH反応箇所2や3はAl配線での電流経路にもかかわらず、白いコントラストが見られた。その理由はネット11とネット22の先の回路群が発光していることから説明が付く。すなわち第2章の図2.40で説明した回路(ネット11やネット22も含んだ)の温度特性により、表2.10での状態②か状態③が表れていると考えると説明が付く。

3.2.6 動的加熱法(SDL)も含む絞り込み手法を総動員した解析事例：ビア接続不良

図3.7に故障診断法、エミッション顕微鏡法、SDL法、IR-OBIRCH法といった絞り込み手法を総動員してビア接続不良箇所を絞り込んだ解析事例を示す。この事例ではIR-OBIRCH法を実施する際FIBで配線を引出し、**針立て用のパッド**も形成している。

解析全体の流れを図3.7(a)に示す。サンプルは6層銅配線LSIチップである。バーンインで不良になったもので、元の形態は4段スタック(チップを4段重ねた) SiP(System in Package)である。そのままでは解析できないため、対象チップのみを取り出し、再パッケージし再ボンディングを行った。

その後、LSIテスタで測定し故障診断を行い、4つのネットが故障候補と指摘された。指摘箇所を中心にエミッション顕微鏡観察を実施したところネット3の先のインバータで発光が見られた。さらに、SDLを実施するためにシュムプロット(周期対電源電圧)を行い、SDL実施の条件を決定した。SDL解析の結果、ネット3の一部で反応が見られたが、まだ十分な精度では絞り込めなかった。

そこでIR-OBIRCH用の針立てパッドをFIBで形成し、IR-OBIRCH観測を

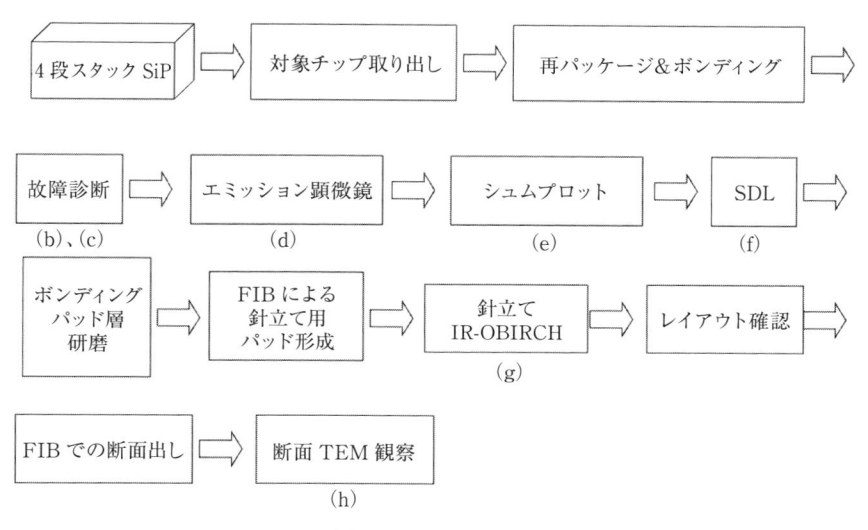

第 3 章 故障解析事例

```
[4段スタックSiP] ⇒ [対象チップ取り出し] ⇒ [再パッケージ&ボンディング] ⇒

[故障診断] ⇒ [エミッション顕微鏡] ⇒ [シュムプロット] ⇒ [SDL] ⇒
 (b)、(c)      (d)                  (e)             (f)

[ボンディングパッド層研磨] ⇒ [FIBによる針立て用パッド形成] ⇒ [針立てIR-OBIRCH] ⇒ [レイアウト確認] ⇒
                                                         (g)

[FIBでの断面出し] ⇒ [断面TEM観察]
                      (h)
```

(a) 解析全体の流れ

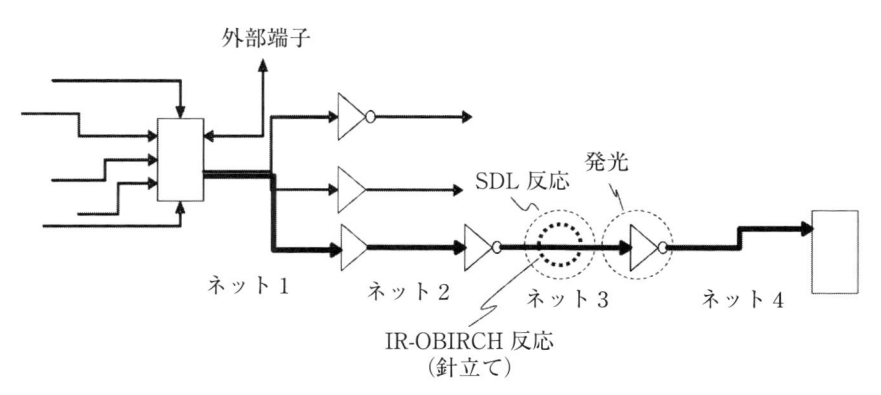

(b) 回路上での故障箇所候補と解析内容・結果の概要

図 3.7 故障解析手法を総動員した事例(1/3)

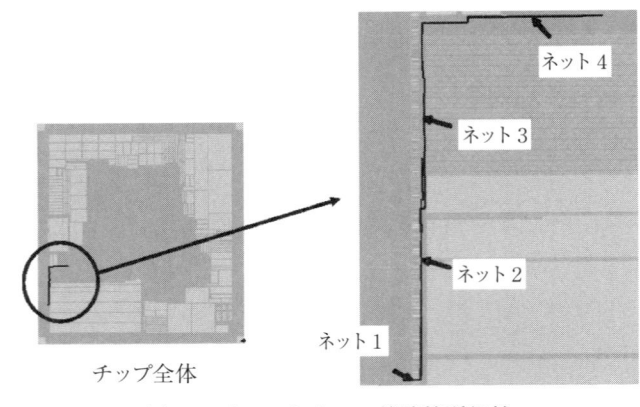

チップ全体

(c) レイアウト上での故障箇所候補

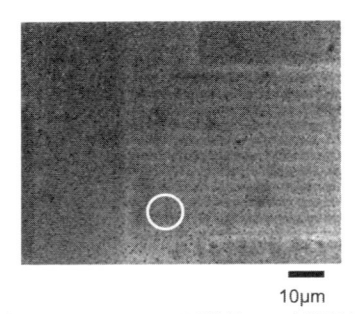

```
2.200uS  !....!....!
2.300uS  !....!....!
2.400uS  +----+---PP
2.500uS  !....!.PPPP
2.600uS  !....PPPPPP
2.700uS  !..PPPPPPPP
2.800uS  !.PPPPPPPPP
2.900uS  +PPPPPPPPPP
3.000uS  PPPPPPPPPPP
         +----+*---+
         1.000 V   1.500 V
```

(d) エミッション顕微鏡での観測結果
(口絵カラー参照)

(e) 周期対電源電圧のシュムプロットの結果

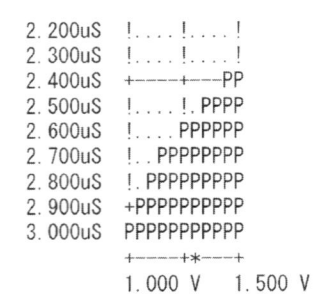

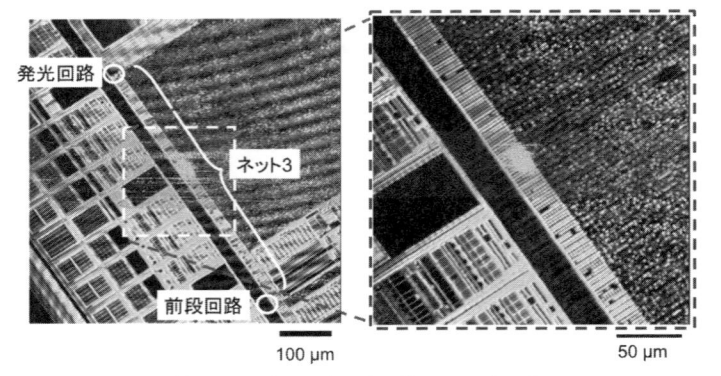

(f) SDL観測結果(口絵カラー参照)

図 3.7　故障解析手法を総動員した事例(2/3)

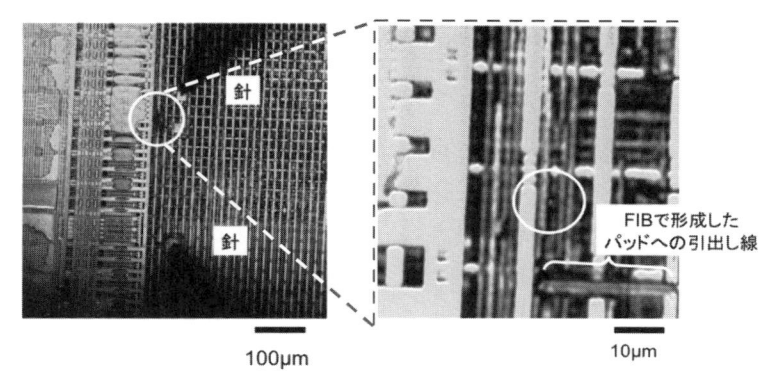

（g） FIBで針立て用パッドを形成しIR-OBIRCH観測を実施（口絵カラー参照）

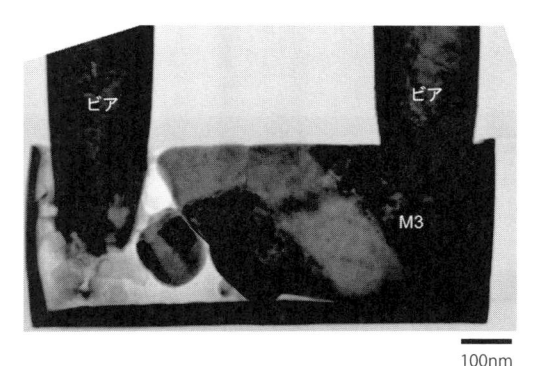

（h） 断面 TEM 像

（提供） NECエレクトロニクス㈱　加藤正次氏、和田慎一氏

図 3.7　故障解析手法を総動員した事例（3/3）

行った。その結果、ミクロンオーダーまで絞り込めた。絞り込んだ箇所をレイアウトで確認したところビアが2箇所存在した。その断面をFIBで出し、TEM観察を行ったところM3（3層目配線）形成不良によるビア接続異常箇所が確認できた。

図3.7(b)に回路上での故障箇所候補と解析内容・結果の概要を示す。太い線が故障診断により故障候補として指摘されたネット1～4である。まず、ネット3が入力するインバータで発光が観測された。その後、ネット3の一部で

SDL反応が観測された。さらにその一部で針立てによるIR-OBIRCHを実施したところ反応が見られ、反応箇所の断面をTEMで観察したところ、ビアの接続不良が発見された。

図3.7(c)にレイアウト上で故障箇所候補を示す。図3.7(b)での回路上でのネット1～4に対応したチップ上での位置を示してある。この図3.7(c)でわかるように故障診断によりチップ全体のごく一部に絞り込めた。

図3.7(d)はエミッション顕微鏡での観測結果である(口絵カラー参照)。テストパタンを繰り返しながら観測した。丸で囲ったところで発光が見られた。検出器は赤外域に高感度なInGaAs検出器を使用し、積算時間は20秒と比較的短時間であった。発光箇所はネット3が入力となるインバータ回路であったため、ネット3が故障箇所の最有力候補として浮上してきた。すなわち、ネット3の電位が異常になりネット3が入力するインバータに貫通電流が流れ発光した可能性が高いと考えた。

ネット3のどこに欠陥があるかを最も簡便に検出するには、本来ならIR-OBIRCH法で観測すればいいのだが、今回の場合は外部からネット3にDC電流を流す方法がないためIR-OBIRCHは行えない。そこでSDLの使用を考え、LSIテスタで、マージナルな特性がないか検討した。その結果テストレイトを遅くしていくとパスする条件が見つかった。周期対電源電圧のシュムプロットの結果を図3.7(e)に示す。例えば1.5Vでは2.4μsより遅い周期で測定するとパスする。

そこで、ネット3に注目してSDL観測を行ったところ、図3.7(f)に示すように反応が見られた(口絵カラー参照)。観測はマージルなフェイルの条件に設定して行った。黄色の箇所はレーザビーム加熱によりフェイルがパスに変化した箇所である。ただ、図3.7(f)右の図のように拡大観測してもまだ十分には絞り込めないことがわかった。

そこで少し破壊をともなう解析に移行した。すなわち、最上層のボンディングパッドの層を研磨で取り除いた後、FIBで針立て用パッドを形成しIR-OBIRCH観測を行った。図3.7(g)(口絵カラー参照)にその結果を示す(IR-OBIRCH像と光学像の重ね合せ像)。FIBで形成したパッドとプローブしている針も同時に見えている。丸で囲ったところでIR-OBIRCHによる反応が見ら

れた（印加電圧100mVで数nAの電流が流れる条件で観測した）。高倍率の右側の像では1μm程度の精度で絞り込めていることがわかる。この箇所をレイアウトで確認したところビアが2箇所存在することがわかった。

その2箇所のビアの断面をFIBで出し、TEM観察した結果が(h)である。左のビアの下のM3が形成されておらず、その結果ビア接続不良となっていることがわかった。バーンイン不良品であるので、バーンインを実施することにより抵抗が増大し、マージンが減少したと考えられる。

3.3 パワーMOS-FETの解析事例

ここでは、解析当時実用化されている解析手法の内、唯一IR-OBIRCH手法でのみ正確な故障箇所の検出が可能であった事例を紹介する。このデバイスは**パワーMOSFET**で表面側がすべてソース電極で覆われており、さらにそこにボンディングワイヤでボンディングされているため、電子ビームテスタ法では、構造上解析ができないものであった。また、液晶塗布法で表面からの位置推定を試みたが、発熱箇所がボンディング部の下側であり、正確な位置の絞り込みはできなかった。不良品は全部で約120個あったが、その内、約30%の40個はゲートソース間の抵抗性リークであり、エミッション顕微鏡では、裏面側からでも発光の検出はできなかった。

チップ全体を裏面から観察したIR-OBIRCH像（光学像との重ねあわせ像）を図3.8(a)に示す。白いコントラストが明瞭に観測できている。この白いコントラスト箇所の高倍率像（重ねあわせ像）が図3.8(b)である。1μm程度の位置精度で白いコントラスト箇所が識別できる。表面側のソース電極Alをエッチングした後、SEMで表面から観察した結果を図3.8(c)に示す。層間膜にクラックが入っているのがわかる。このクラックに沿って抵抗性リークパスができ、そのリークパスの抵抗値の温度係数が負であったため、IR-OBIRCH像として白いコントラストが見えたものと考えられる

3.4 TiSi配線の解析事例

ここでは、**チタンシリサイド(TiSi)** 配線TEGの解析事例を紹介する。

ここで用いた解析手法の内、**NF-OBIRCH**(NereField Optical proBe Induced

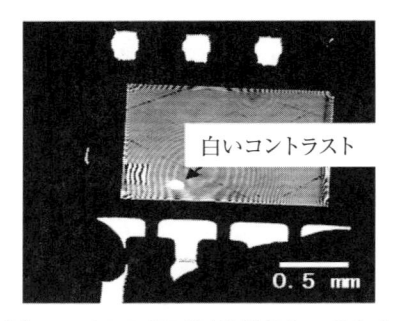

(a) IR-OBIRCH 像（光学像との重ねあわせ像）：低倍率

(b) IR-OBIRCH 像（光学像との重ねあわせ像）：高倍率

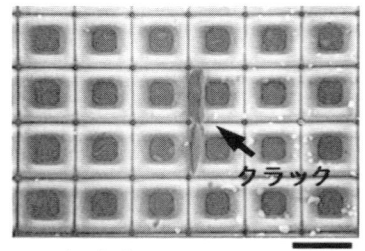

(c) IR-OBIRCH 反応があった箇所の平面 SEM 像

図 3.8　パワー MOS-FET の解析事例

Resistance CHange)法以外はすべて日常の故障解析で用いられているものである。

　対象となった配線は通常より抵抗が高く、抵抗が高い原因を調べる目的で、まず OBIRCH 観察を行なった。最初は 633 nm のレーザを用いた OBIC 装置のレーザを通常のものより高パワー化したものを用いた。図 3.9(a)にその結果を示す。暗いコントラストの箇所が配線部の電流経路である。配線の一部に矢印で示したように白いコントラストが見られた。この配線は正常に製造されたものでは、上側約 0.1 μm が TiSi、下側約 0.1 μm が多結晶シリコンであるので、この明コントラストは何らかの理由で多結晶シリコン部の **OBIC** が見えているのではないかと考えた。

第 3 章　故障解析事例

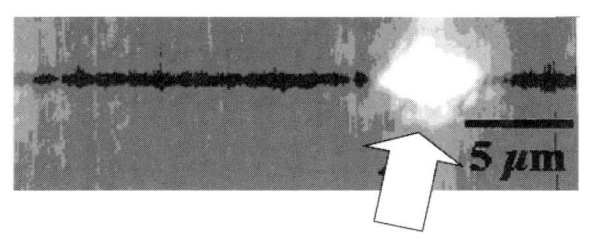

（a）　OBIRCH 像（波長 633nm のレーザ使用）

（b）　IR-OBIRCH 像（波長 1.3 μm のレーザ使用）

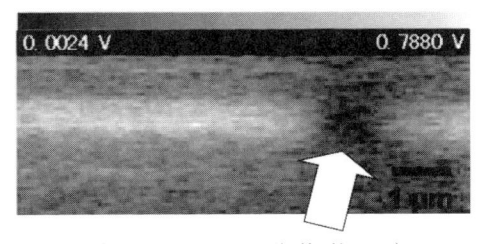

（c）　NF-OBIRCH 像（加熱のみ）

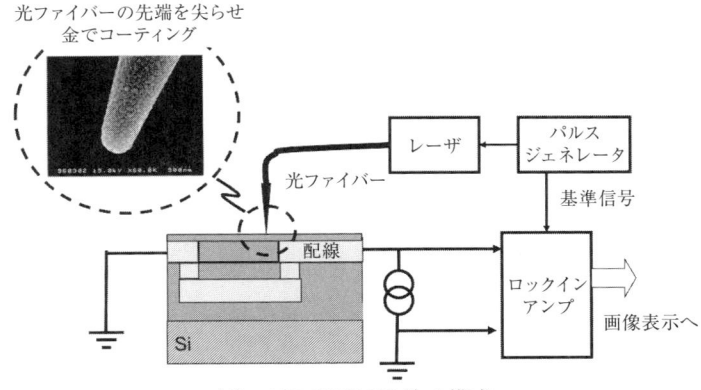

（d）　NF-OBIRCH 法の構成

図 3.9　TiSi 配線の解析事例（1/2）

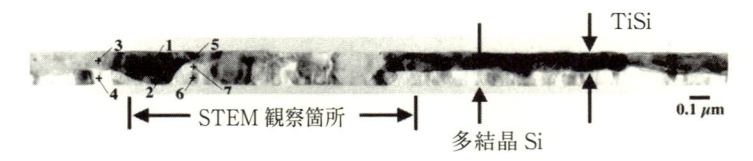

(e) 断面 TEM 像

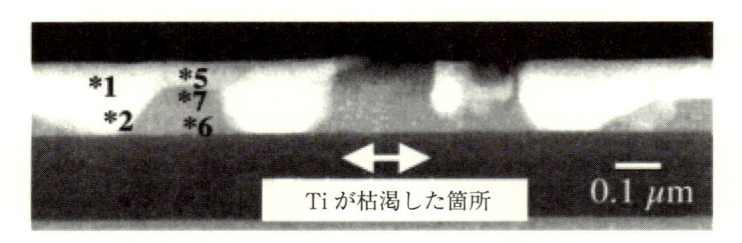

(f) 断面 STEM（暗視野）像

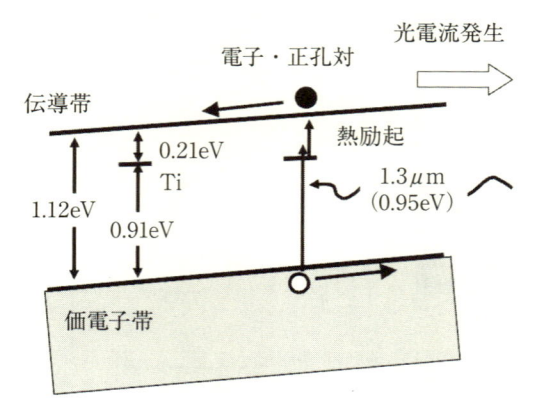

(g) Ti の準位を介しての光電流

図 3.9　TiSi 配線の解析事例(2/2)

もし、これが **OBIC** によるものであるなら、波長 1.3 μm のレーザを用いた IR-OBIRCH で観測した場合にはコントラストは見えないはずである。それを確認するために IR-OBIRCH で観察した。その結果を図 3.9(b) に示す。予想に反して、IR-OBIRCH でも 633 nm での観察と同様のコントラストが見られた。この結果、この明コントラストは、抵抗が負の温度係数をもつ箇所が **OBIRCH 効果**により見えている可能性が高くなった。

　そこで、本当に熱だけを与えて抵抗変化を観測するとどうなるかと考え、OBIRCH 現象をより高空間分解能で観察するために考案した **NF-OBIRCH 法**での観察を試みた。

　NF-OBIRCH 法とは図 3.9(d) に示すように OBIRCH 法におけるレーザビームの替わりに近接場プローブ顕微鏡で用いられているファイバープローブを用いる方法である。S/N(信号対ノイズ比)をよくするためにレーザに変調をかけ、ロックインアンプで変調周波数の信号のみを取り出すようにしている。熱源が小さくなる分、分解能が上がると考え実験をしたところ、実際 50nm の空間分解能が得られた(第 4 章で紹介する)。通常はファイバープローブの先端の金属部分に光の波長よりは小さい穴を開けるのであるが、この観察では図 3.9(d) の左上に示したような完全に穴を閉じたプローブを用いた(金属プローブと呼んでいる)。したがって、光は試料にはまったく照射されず、ファイバー先端からは熱だけが伝わると考えてよい。この NF-OBIRCH 法で高抵抗 TiSi 配線を観察した結果が図 3.9(c) である。

　NF-OBIRCH 法では、IR-OBIRCH 法とは白黒のコントラストが逆転する構成になっているので、その点は注意してみていただきたい。配線部が OBIRCH 効果によりきれいに白いコントラストで見えている。ところが、IR-OBIRCH 像で白いコントラストが見えた箇所では、まったくコントラストが見られない(目の錯覚で黒いコントラストがあるように見えるが、白いコントラストを指などで覆ってみると黒いコントラストはないことがわかる)。この結果から、IR-OBIRCH 像や可視 OBIRCH 像で見えていた白いコントラストは熱による効果ではなく、光による効果であることが判明した。

　これは、一見矛盾しているようにみえる。すなわち、IR-OBIRCH では 1.3 μm の波長を用いているため光電流は流れないのが、その特徴であったはずで

ある。

　そこで、何か手がかりになるものはないかと物理化学的解析を行なった。断面を FIB で厚さ 0.2μm 程度に薄くし、TEM 観察を行なった結果を図 3.9(e) に示す。右側の部分は正常な部分で、設計どおり、下側半分が多結晶シリコン、上側半分が TiSi 構造になっている。ところが、中央から左付近は構造が乱れており、このままでは明確な構造がわからないので、**D-STEM（暗視野走査 TEM**、より正確には、**HAADF-STEM**、High -Angle Annular Dark-Field Scanning TEM）モードで観察した。加速電圧は 200kV と TEM と同じであるが、通常の TEM 像取得の場合よりビームを細く絞り走査しながら散乱した電子の強度を像として見るモードである。結果は図 3.9(f) に示すように白とグレーの 2 種類のコントラストが得られ、形状はかなり不規則である。D-STEM では重い元素ほど多く散乱されるため明るく見える。この白とグレーに対応するところに何があるかを確認するために EDX を用いて、図中に番号を付けた箇所の元素分析を行なった。その結果、白い箇所は Ti と Si が存在し、グレーの箇所には Si だけが存在することが判明した。このように Si だけの箇所が多く存在することが高抵抗の原因であることがわかった。

　この観察結果からだけでは上記矛盾を解決する結果は得られなかったようにみえる。

　だが、次のように考えるとこの矛盾は解消できる。実は Ti の不純物準位は深く、図 3.9(g) に示すように伝導帯から 0.21eV 下にある。すなわち、荷電子帯から 0.91eV 上になる。1.3μm の波長のレーザのエネルギーは 0.95 eV であり、荷電子帯から Ti の不純物準位に電子を励起することができる。したがって、Ti の不純物準位を介しての光電流は流れ得る。EDX での検出下限は 1% 程度（サンプルが薄いので通常より悪い）であるから、Ti は検出できなかったといっても、この程度の励起を起こす程度の不純物準位を作るだけの量が残っていたとしても不思議ではない。

3.5　銅配線の解析事例

　銅配線 TEG でエレクトロマイグレーション試験を行った後、どの位置でボイドが成長しているかを非破壊で絞り込むのに、IR-OBIRCH 装置が用いられ

る。試験に用いられる TEG は 2 種類ある。よく用いられるのが 1 層目配線と 2 層目配線がビアで接続され、多数の配線とビアが直列に構成された 1 本鎖の TEG である。大量のサンプルでの試験を行う際に利用されるのが、並列配線と直列配線を組合せ複数の配線に同時に電流が流れるような構造になっている直並列 TEG である。

　まず、図 3.10 を参照して、1 本鎖 TEG の事例を紹介する。図 3.10(a-1) に断面の概略を示す。1 層目配線と 2 層目配線が 4 箇所ビアで接続されている。エレクトロマイグレーション試験後、IR-OBIRCH 装置で観察した。バイアスをわずかに (10mV) かけ観察した結果、図 3.10(a-2) に示すような白黒対のコントラストが強調されている箇所が 2 箇所 (白丸で示した) 見つかった。このような白黒対のコントラストは**熱起電力**に起因するもので白と黒の境界部分に**高抵抗箇所**があることを示している。なお、白丸で示さない 2 箇所にも白黒対のコントラストが見られるが、これはエレクトロマイグレーション試験前でも見られたもので、ビア部の抵抗が元々高いことに起因していると考えられる。このような白黒対が強調された箇所を複数個のサンプルで複数箇所断面観察したところ、(b) に示すような 3 種類のタイプがあることがわかった。タイプ [ⅰ] はエレクトロマイグレーション試験時にビアから 1 層目配線に電子が流れた箇所のビア下にボイドが見られたものである。タイプ [ⅱ] はビアから 2 層目配線に電子が流れた箇所のビア上の配線の上部にボイドが見られたものである。タイプ [ⅲ] はタイプ [i] と同様の位置であるが、ボイドはビアの横の 1 層目配線の上部に形成されていた。

　次に、直並列 TEG の事例を図 3.11 に示す。図 3.11(a) に TEG の構造の概略を示す。5 本の並列配線を 4 組直列に組合せ 20 本の配線に同時に電流が流れるような構造になっている。試験時には常時抵抗変動をモニタすることで、20 本のうちの 1 本でも抵抗上昇が起きるとわかる。1 本の配線で抵抗変動が起きた時点で試験を停止する。その後、**IR-OBIRCH** で観察した結果を図 3.11(b) に示す。1 本の配線だけ**電流**が流れていないことがわかった。この配線かその両端のビアのどこかでボイドが発生したことを示している。経験上配線部にボイドは発生しにくいので、両端のビアのどちらかあるいは両方でボイドが発生したと考えた。そこで両端のビアの断面を **FIB** で出し、**STEM** で観察した結果

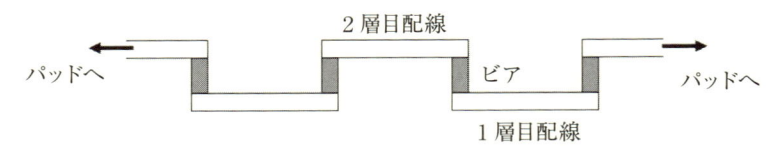

(a-1) 1本鎖TEGの断面構造概略

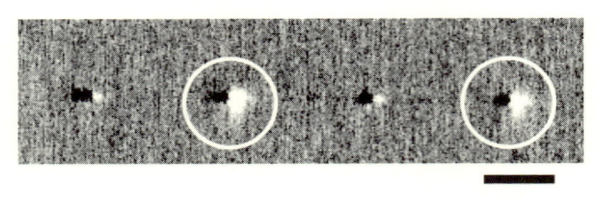

(a-2) IR-OBIRCH像

(a) TEGの構造とIR-OBIRCH像

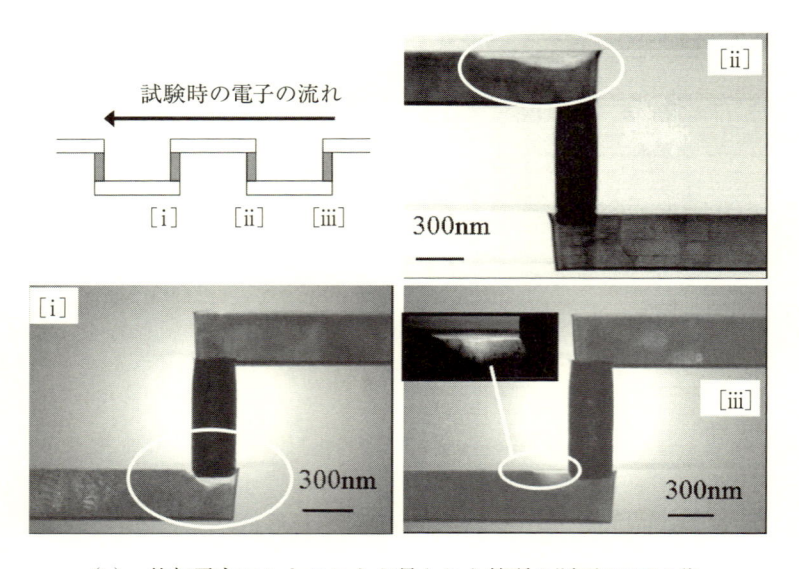

(b) 熱起電力コントラストが見られた箇所の断面STEM像

(出典) S.Yokogawa, N.Okada, Y.Kakuhara and H.Takizawa, Microelectronics Reliability, Vol.41, pp.1409-1416(2001)

図3.10 1本鎖TEG銅配線の解析事例

第 3 章 故障解析事例

1 層目配線　　1 層目配線

ビア　　2 層目配線　　2 層目配線

電子流

(a-1) 平面構造

2 層目配線

ビア　1 層目配線

電子流

(a-2) 断面構造

(a) 直並列 TEG の構造

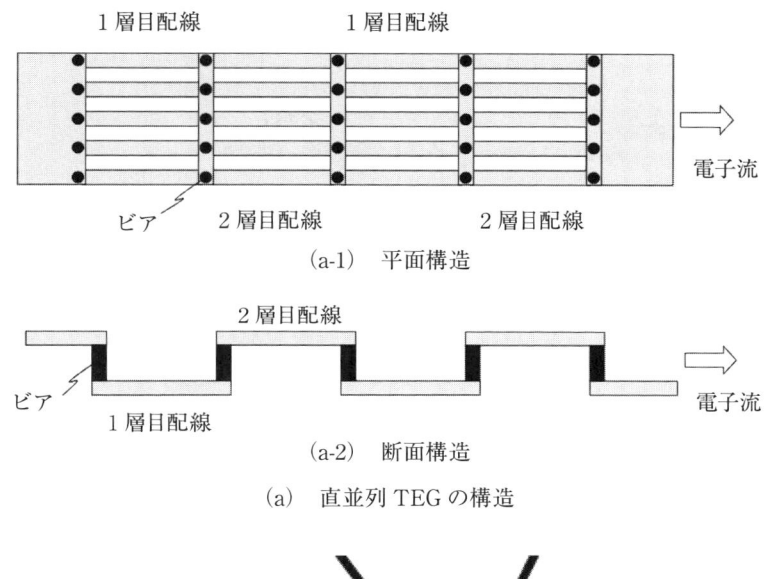

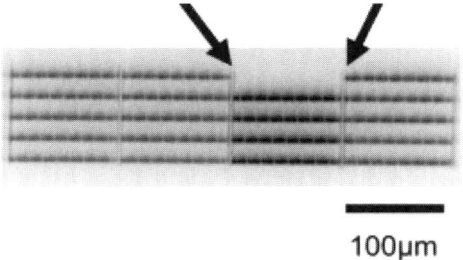

100μm

(b) IR-OBIRCH で観察した結果

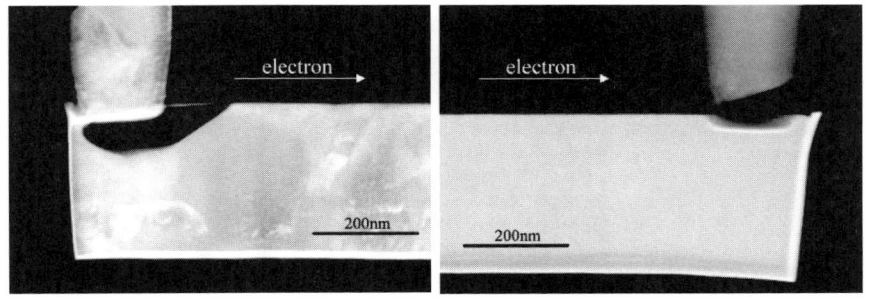

electron

electron

200nm　　　　　　200nm

(c) 配線の左側のビア部の断面 STEM 像　　(d) 配線の右側のビア部の断面 STEM 像

（出典）横川慎二、日本信頼学会誌、vol.25、no.8、pp.811-820 (2003)

図 3.11　直並列 TEG の事例

を図 3.11(c)(d)に示す。配線の左側のビア付近の断面が図 3.11(c)である。大きな**ボイド**がビア下から配線上部に延びている。配線の右側のビア付近の断面が図 3.11(d)である。大きなボイドがビア下に発生している。

3.6　パッケージ中ボイドの解析事例

　パッケージの薄型化が進むことで、**樹脂封止パッケージ**において樹脂中に**ボイド(穴)**があると、信頼性に影響をおよぼす可能性が増大してきた。この事例では、チップ上の樹脂厚が約 0.4 mm の TQFP(Thin Quad Flat Package)において、チップ上部に存在しパッケージ表面には露出していないボイドを **X 線 CT**(Computed Tomography、コンピュータ断層像法)で観察した結果を紹介する。

　X 線 CT は医療用に多く使われている。CT の技法は、1971 年にイギリスのハウンスフィールドにより開発されたものである。彼は、彼とは独立に CT を開発したアメリカのコーマックとともに、1979 年のノーベル生理医学賞を受賞している。

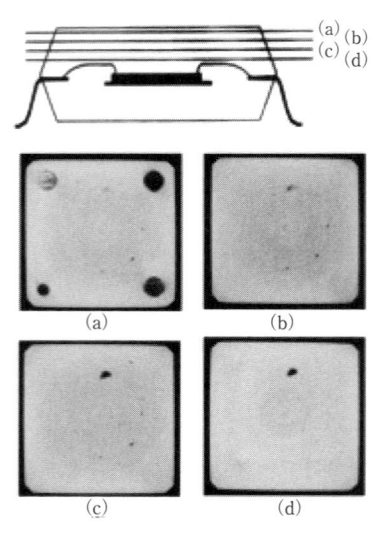

（出典）　井原淳行、向井幹二、日科技連信頼性・保全性シンポジウム、135(1998)
図 3.12　パッケージ中のボイドの X 線 CT での観察

X線ビームを照射し、そのビームと垂直な軸を中心にサンプルを回転させる。その結果得られた多方向からのX線透過像をコンピュータ処理することで、断層像が得られる。このような断層像を何枚も取り、3次元表示することもできる（第2章図2.12参照）。

図3.12にTQFPパッケージのチップ上を約0.1 mmごとに断層撮影した写真を示す。一番表面に近い図3.12(a)ではほとんど見えないボイドが、少し内部に入った図3.12(b)で少し見え出し、さらに内部に入った図3.12(c)では大きく見られる。さらに内部に入った図3.12(d)では図3.12(c)とそれほど大きさは変わらない。しかし、図3.12(d)では(a)(b)(c)で見られた小さなボイドは見えなくなった。このようにX線CTを用いると、ボイドの3次元的な形状や分布が観察できる。

3.7　BGA不具合の3次元斜めX線CTによる解析事例

2.4.1節でX線CTの仕組みと事例を紹介した。また、3.6節でも事例を紹介した。ここでは従来のX線CTよりもアスペクト比（縦と横の比率）が大きい試料のX線CTが良好に観察できる3次元斜めCTの構成と解析事例を紹介する。

図3.13に**3次元斜めX線CT**の構成を従来のX線CTの構成と比較して示す。図3.13(a)が従来の構成、図3.13.(b)が3次元斜めX線CTの構成である。

3次元斜めX線CTで観測した事例を図3.14に示す。図3.14(a)の透視図で、丸で囲った箇所は接続不良部であるが、不良であることの認識は困難である。一方、3次元斜めX線CTの一断面である図3.14(b)では、丸で囲ったところが接続不良であることが明瞭にわかる。なお、バンプの寸法は500～600 μm程度である。

3.8　ロックイン利用発熱解析とX線CTの組合せ解析によるリード間デンドライト検出事例

2.4.1項では**X線CT法**、2.4.3項では**ロックイン利用発熱解析法**を紹介したが、本節では、この2つの手法を組み合わせることで、プラスチックパッケージを破壊することなく、その内部のリード間に成長したデンドライトを検出

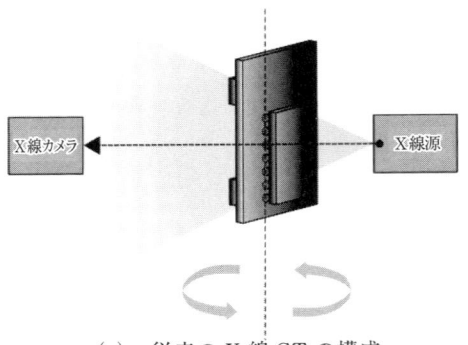

(a) 従来のX線CTの構成

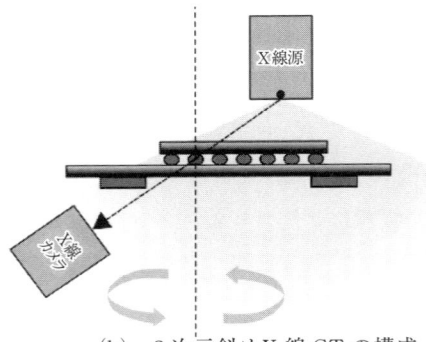

(b) 3次元斜めX線CTの構成

(提供) 丸文㈱／㈱ユニハイトシステム

図 3.13　3次元斜め X 線 CT の構成

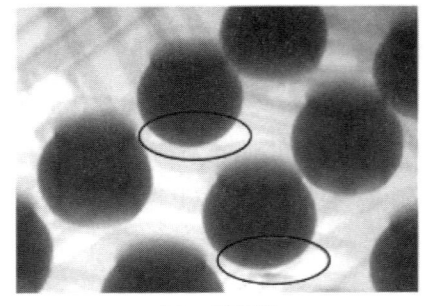

(a) 透視像

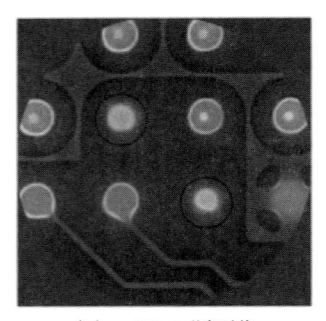

(b) CT の断面像

(提供)　丸文㈱／㈱ユニハイトシステム

図 3.14　3次元斜め X 線 CT の事例

第 3 章 故障解析事例

し、観察した例を紹介する。

図 3.15(a)がロックイン利用発熱解析法で検出した発熱箇所の像である(口絵カラー参照)。パッケージの観察部がわかるようにパッケージの光学像とと

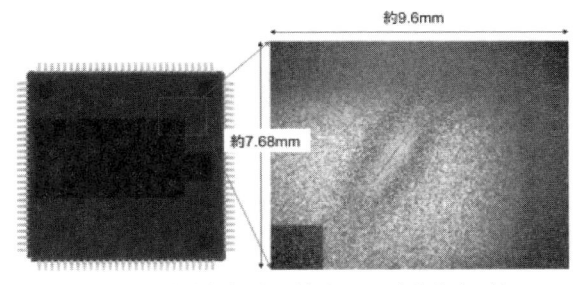

(a) ロックイン利用発熱解析法で検出した発熱像(口絵カラー参照)

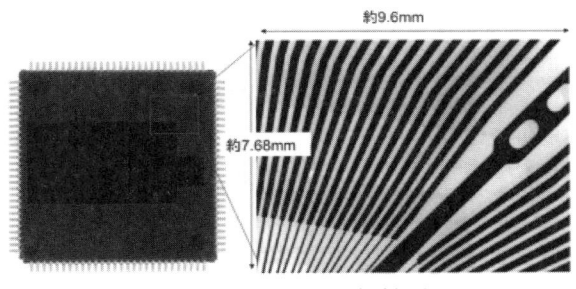

(b) 同じ箇所の X 線透視像

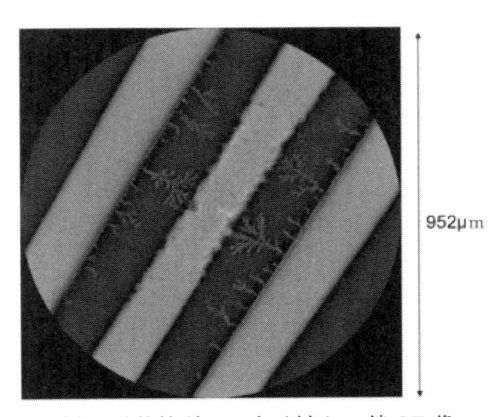

(c) 発熱箇所の 3 次元斜め X 線 CT 像

(提供) 丸文㈱

図 3.15 ロックイン利用発熱解析法で検出した発熱像とその箇所の斜め 3 次元 X 線 CT 像

もに示す。図 3.15(b)が同じ箇所の X 線透視像である。発熱箇所に対応した箇所に特に異常は見られない。発熱箇所を 3 次元斜め X 線 CT で観測した結果、図 3.15(c)に示すようにデンドライトがリード間に成長している様子が見られた。

第4章

新しい故障解析関連手法の開発動向

　この章では、光を利用した手法とその代表的手法であるOBIRCH法に関する技術発展の流れの中で、最近の動向を見ていく。その他、TEMやSTEMに用いられはじめた球面収差補正技術と、実用化の動きのある3次元アトムプローブについて見ていく。

4.1　光を利用した故障解析技術発展の流れと最近の動向

　光を利用した新しい故障解析技術の動向を見るためには、過去からの流れの中で見ると、どこがどのように新しいかがよくわかる。そこで本節では過去からの流れの中で新しい技術を見ていく。

　光を利用した故障解析技術が、近年重要性を増してきた背景には、実装法の多様化とLSIチップの多層配線化により、チップ裏面からの観測が必須となってきたことがある。LSIチップ表面からの観測が困難な場合や、表面からの観測が容易でも配線部やトランジスタ部の観測可能領域の割合が少ない場合が増大してきたことが、チップ裏面からの観測が重要となってきた理由である。チップ裏面からの観測には、電子ビームや可視光では制限が多いため、通常は、Siを透過する近赤外光が利用される。光を用いた故障解析技術が一時その効力を失いつつあるかに見えたが、その後徐々に復権してきた。ここでは、その経緯を述べるとともに、最近の状況についても詳しく述べたい。

　実体顕微鏡や金属顕微鏡といった光学的に拡大観察する手法は、LSIの故障解析以外の分野でも広く利用されている。本節では、それら一般的な手法ではなく、LSIの故障解析に特化した手法・技術の発展の経緯をみていく。

　表4.1に光を利用した故障解析手法を系統に分けて示す。横バーの左端の年は最初に提案された年である(先駆的な研究があり、「最初」が特定し難いものについては、この分野での一般的見解を元に示した)。

4.1.1　OBICとその系統

　最も古くから使われているのが、表4.1の最上段に示す**OBIC**(Optical Beam Induced Current)法の系統である。OBIC法は、光により励起された電子・正孔対が、電界により引き離され、電流として観測される現象を利用する方法である。電子・正孔対を引き離す内部電界の源としては、p-n接合や、不純物濃度勾配などがある。外部から電圧をかける場合もある。ショートや断線などにより内部電界や外部印加電界のかかり方が変化するため、故障箇所の絞り込みができる。

　OBICの系統に属する故障解析手法としては、次の段の**SCOBIC**(Single

第4章　新しい故障解析関連手法の開発動向

表 4.1　光を利用した故障解析技術発展の流れ

年	1980	1985	1990	1995	2000	2005	2011
OBIC（光電流）	OBIC：光電流			単一外部電極解析		SCOBIC	
				無外部電極解析	走査レーザSQUID顕微鏡		
				動的解析または無電極解析		LTEM	
				動作マージン解析		LADA	
PEM（光検出）			エミッション顕微鏡				
				赤外光高感度検出（MCT, InGaAs）			
				時間分解エミッション顕微鏡（PICA など）			
OBIRCH（光加熱）				OBIRCH：レーザ加熱			
				熱起電力利用			
				IR-OBIRCH：赤外レーザ加熱			
				動的解析（LSIテスタ合否表示）	RIL/SDL		
無系統				液晶法			
					LVP：レーザ利用電圧波形観測		
					CWレーザ利用電圧像観測	LVI	
					レーザ励起3次元アトムプローブ	3D-AP	
					ロックイン利用発熱解析		
共通基盤技術				レーザ走査顕微鏡			
					固浸レンズ		

□ 2011年現在普及済み　　▨ 2011年現在開発段階または未普及

Contact OBIC)と走査レーザ SQUID(Superconducting QUantum Interference Devices)顕微鏡がある。

OBIC 法では、通常は 2 端子間で観測を行うが、その方法だと OBIC 発生経路が限定される。1 端子のみ接続し観測を行えば、OBIC 発生経路の制限が緩くなり、より多くの箇所を観測できる。この方法は、SCOBIC と呼ばれている。

電流の観測を外部端子から行う代わりに、電流が発生する磁場を超高感度の磁場検出器である **SQUID 磁束計**で観測する方法が提案され、**走査レーザ SQUID 顕微鏡**法(**L-SQUID**)と呼ばれている。その構成の概要と特徴を図 4.1 に示す。波長 1064nm のレーザを LSI チップ裏面から照射する。発生した OBIC による磁場を超高感度の SQUID 磁束計で検出する。サンプルかレーザを走査することにより L-SQUID 像を得る。強度像と位相像が得られる。このような構成からわかるように、空間分解能はレーザのビーム径で決まる(通常の走査型 SQUID 顕微鏡では、空間分解能は SQUID 素子の寸法と SQUID・サンプル間距離で決まる)。このため、空間分解能はサブミクロンが可能である

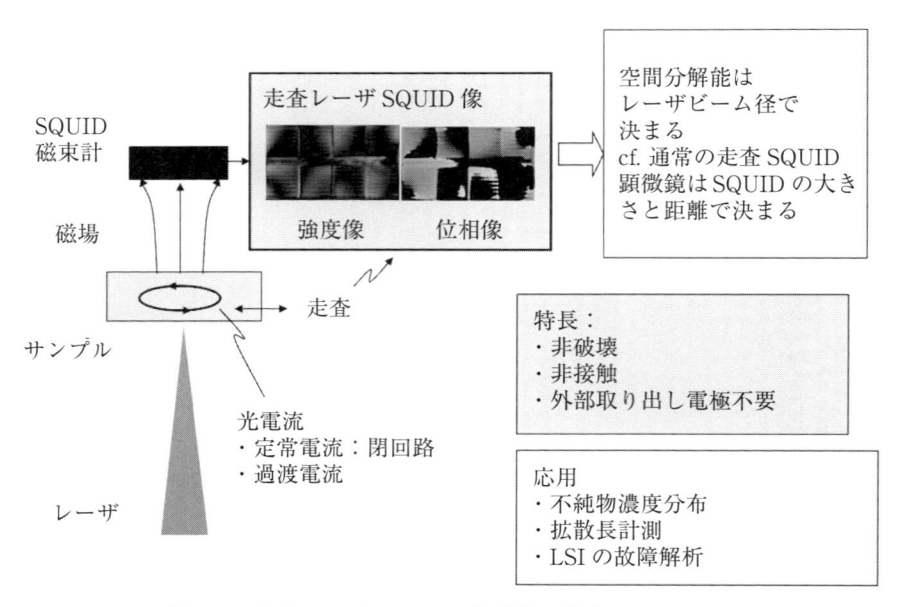

図 4.1　走査レーザ SQUID 顕微鏡法の構成と応用分野

(通常の走査SQUID顕微鏡では数十μmである)。

L-SQUID法により、電気的な接続すら不要な、完全に非接触な解析が可能となる。観測可能なサンプルの工程も幅広く、ウェハの前工程の途中、配線工程の途中、ウェハ工程完了後、パッケージング後、実装後のどの工程でも観測可能である。

L-SQUIDにより不良チップが識別できることは、筆者らによりすでに実証されているが、不良箇所を絞り込む一般的な方法は、今後の課題として残されている。一般的にはCADツールの支援が必要であると考えられているが、断線箇所がCADツールの支援なしに検出できる場合もあることが報告されている。その結果の一例を図4.2に示す。サンプルはロジックLSIで配線の一部

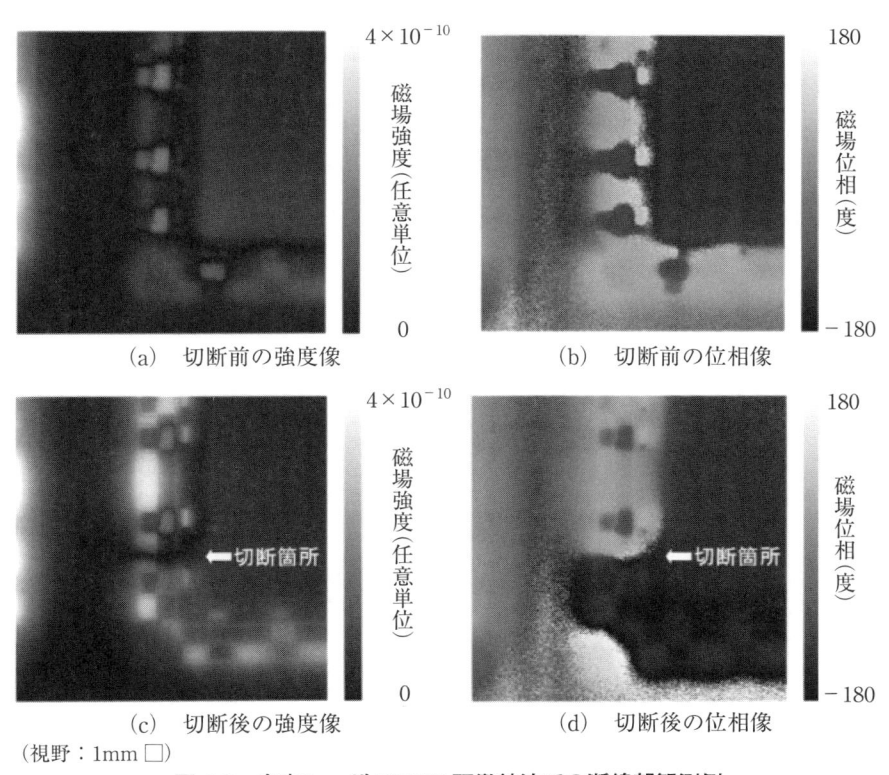

(a) 切断前の強度像

(b) 切断前の位相像

(c) 切断後の強度像

(d) 切断後の位相像

(視野：1mm □)

図4.2　走査レーザSQUID顕微鏡法での断線部観測例

をFIBで切断し擬似故障品を作ったものである。その切断前のL-SQUID像が図4.2(a)と(b)、切断後が図4.2(c)と(d)である。L-SQUID像では信号の強度のみを取り出した強度像と位相変化を取り出した位相像が得られる。図4.2(a)と(c)が強度像、図4.2(b)と(d)が位相像である。図4.2を見るとわかるようにFIB切断前後で強度像も位相像も大きく変化している。故障品の強度像では全体が明るくなっているが、切断箇所は暗くなり、切断箇所が絞り込めているのがわかる。故障品の位相像では切断箇所で位相が反転しており、やはり切断箇所が絞り込めていることがわかる。

2000年代に入ってから、高速動作解析に利用できる可能性がある技術として提案されたのが、**LTEM**(Laser Terahertz Emission Microscope、**レーザテラヘルツ放射顕微鏡**)法である。**フェムト秒レーザ**(100fs程度の幅のパルスレーザ)をp-n接合部に照射した際に発生する過渡的な光電流を起源として放射されるテラヘルツ(THz)電磁波を検出することで、高速デバイスの動作観測の可能性を示すデータが報告されている。さらに、**無バイアス**状態でも断線によるコントラストが変化することを筆者らが実証した。**無バイアスLTEM**の基本構成と仕組み、LTEMの応用分野を図4.3に示す。フェムト秒レーザをLSIチップの裏面から照射する。発生したTHz電磁波を光伝導素子などの検

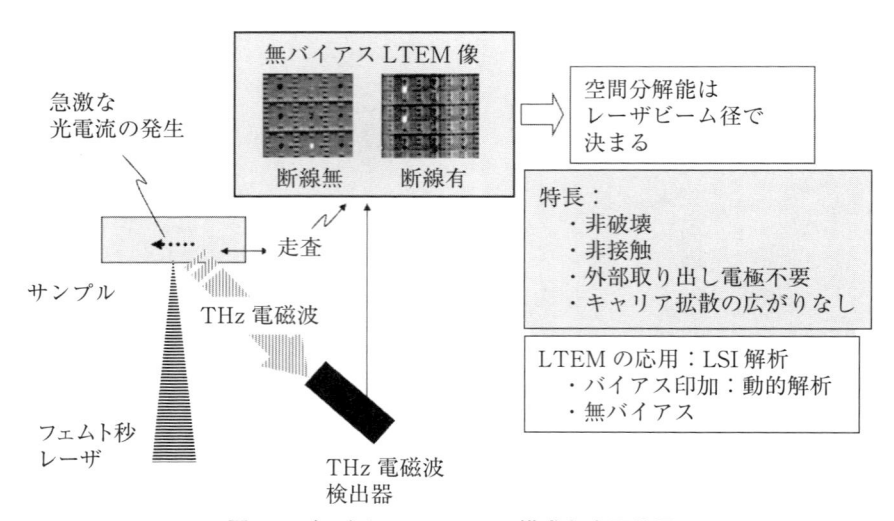

図4.3　無バイアスLTEMの構成と応用分野

出器で検出する。サンプルかレーザを走査することで像を得る。構成からわかるように L-SQUID と同様サブミクロンの分解能が期待できる。

無バイアス LTEM での故障箇所絞り込み事例を図 4.4 に示す。図 4.4(a) が信号線断線箇所の絞り込み事例、図 4.4(b) が信号線間短絡箇所の絞り込み事例、図 4.4(c) が個別接地線断線箇所の絞り込み事例、である。このように、LTEM は単独で各種故障モードの故障箇所が絞り込めることが実証できてい

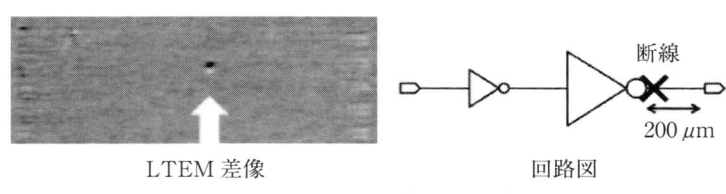

LTEM 差像　　　　　　　　　回路図
(a) 信号線断線箇所の絞り込み事例

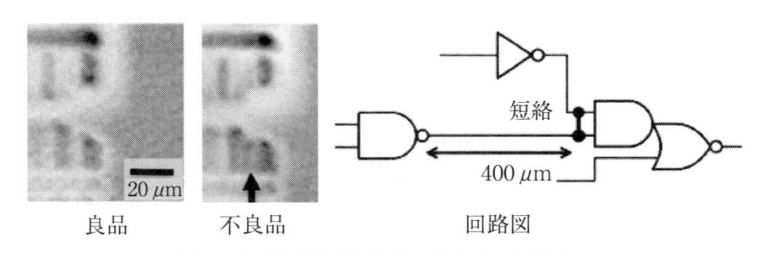

良品　不良品　　　　　　　回路図
(b) 信号線間短絡箇所の絞り込み事例

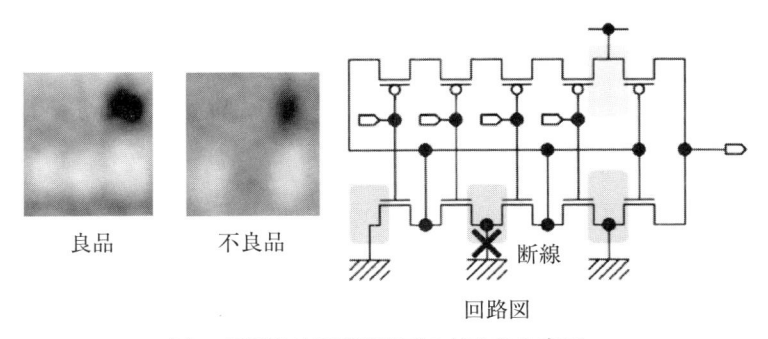

良品　不良品　　　　　　　回路図
(c) 個別接地線断線箇所の絞り込み事例

(出典) © 電子情報通信学会 2011、二川他、信学技報、vo.111、no.33、p.5、図11、12、13 (2011)

図 4.4　無バイアス LTEM での故障箇所絞り込み事例

る。さらに、前述の L-SQUID と同様、観測工程の制限なく利用できる可能性がある。

光電流利用手法の最後に示した **LADA**（Laser Assisted Device Alteration）は SDL と同様の道具立て（第 2 章図 2.43 参照）であるが、使用するレーザの波長が 1.3 μm ではなく 1.06 μm を用いるものである。1.06 μm の波長の光は Si をある程度透過し（第 2 章図 2.19 参照）かつ光電流を発生するので、上述の L-SQUID や LTEM でも用いられている。LADA では動作中の LSI に光電流を発生させて、動作マージンの程度を観測する。

4.1.2　エミッション顕微鏡とその系統

1980 年代半ばに開発されたのが、表 4.1 の上から 2 番目の系統に示した、極微弱な光を検出できる**エミッション顕微鏡**（**PEM**、Photo Emission Microscope）である。ゲート酸化膜中に流れる電流による発光、MOS トランジスタのドレイン部での発光、p-n 接合の順方向電流や逆方向電流による発光などの、**熱放射以外の発光**が観測できるため、多くの故障モードが観測できる。また、**熱放射**も観測できる。

1990 年代後半に実用化された **MCT**（**HgCdTe**）**検出器**（元々はハッブル宇宙望遠鏡のために開発されたものである）やその後実用化された **InGaAs 検出器**は、赤外域にも高感度であるため、熱放射が高感度で検出できる。さらに、Si を透過する 1 μm 以上の波長域にも感度がよいため、チップ裏面からの観測も高感度に行える。デバイスの電源電圧が年々低下しているのにともない、デバイスからの各種発光のスペクトルも長波長側にシフトしている。MCT、InGaAs や次段落で述べる SSPD（Superconducting Sigle Photon Detector）などはこのような状況にも対応できる検出器として注目されていた。本書の改訂版執筆時点（2011 年 6 月）では InGaAs が最も普及している。

エミッション顕微鏡のもう 1 つの発展形は、1990 年代後半に開発された。発光の時間変化が観測できる**時間分解エミッション顕微鏡**（**TRE**（Time Resolved Emission Microscope）、最初は **PICA**（Picosecond Imaging Circuit Analysis）として提唱された）である。TRE を用いることで、CMOS 回路の中を信号が伝播していく様子が、回路のオン・オフにともなう MOS トランジスタのドレ

イン部からの発光として、観測できる。

　PICAは2次元の観測であるため、膨大な時間がかかる。短時間の観測を目的として、像を取得するのではなく、観測点を決めてその箇所の発光をAPD（Avalanche Photo-Diode）を用いて観測する方法が2000年代に入ってから使われはじめた。MOSトランジスタのドレイン部の発光を効率的に観測するためには、チップの裏面からの観測が必須である。これを高速・高感度に行うためにNbNを用いたSSPDなどの新しい検出器が提案された。このように、動的発光解析は必ずしも2次元観測ではないことから現在ではTREと呼ばれることの方が多い。

4.1.3　OBIRCHとその系統

　1990年代の前半に、従来の光利用法とはまったく異なるアプローチで故障解析を行う方法を筆者が提案した。レーザビームで加熱することで配線系の抵抗が変化する様子を像で観測する方法である。この方法が表4.1の上から3番目の系統として示した**OBIRCH**（Optical Beam Induced Resistance Change）法である。OBIRCH法では、電流が流れている配線にレーザが照射されたときのみ、抵抗の変化が観測されることから、電流経路が可視化できる。配線に各種欠陥があると抵抗変化の程度が異なることから各種欠陥の場所も可視化できる。

　OBIRCHの発展形は大きく3つに分けられる。熱起電力利用、赤外利用、動的観測である。この順に説明する。

　レーザビームによる加熱は、抵抗変化を起こすだけでなく、欠陥部で熱起電力電流が観測されることも示された。断線に近い欠陥部の両側では、温度勾配が逆になり熱起電力電流も逆向きに流れるため、特異点として観測できる。熱起電力効果の観測には外部からのバイアスが不要なため、ノンバイアスOBIC（NB-OBIC）法とも呼ばれる。ここで、「NB-OBIRCH」ではなく「NB-OBIC」と呼ばれているのは、最初にこの現象が観測された際に用いられた装置が、OBIC装置であったことによる。

　当初のOBIRCH法においては、可視レーザが用いられ、配線部のみで構成されたTEG（Test Element Group、評価用構造）の解析に対してのみ適用され

ていた。実デバイスに対して可視レーザを用いるとOBICが発生し、OBICの信号はOBIRCH効果の信号より桁違いに大きいため、OBIRCH効果が遮蔽されて観測できなかった。この問題に対する解決策はいくつか提案されたが、最終的に実用化されたのは、可視レーザの替わりに、OBICを発生しない近赤外レーザ(波長：1.3 μm)を用いる方法である。この方法は、IR-OBIRCH法と呼ばれている。IR-OBIRCH法を用いることにより、はじめて実デバイスの電流経路の観測や欠陥の検出が可能となった。さらに、Siを透過する1 μmより長い波長のレーザを用いていることで、チップ裏面からの観測も可能となった。

通常のOBIRCH法では静的な観測しかできない。LSIテストと連動する場合でも、LSIテスタでI_{DDQ}異常が起きる論理状態を設定し、その状態に一時静止させてOBIRCH像を取得する。

温度や電源電圧や動作周波数に対してマージナルな不良品に関しては、**RIL**(Resistive Interconnection Localization)、あるいは、それより一般的な呼称である**SDL**(Soft Defect Localization)と呼ばれる方法を用いることにより、動的な故障解析ができる。レーザを通常のOBICH法の場合よりゆっくり走査し、LSIチップ上を順に加熱しながら、LSIテスタで機能試験を行い良否の判定を行う。良否判定結果をレーザが照射されている箇所と対応させて、像のピクセル毎に白黒(あるいは擬似カラーで)で表示することで動的な異常箇所の絞り込みが可能となる。

4.1.4 　無系統

表4.1の4分類目は無系統な5つの方法である。

最初の**液晶(塗布)法**はLSIチップの上に液晶を溶媒に溶かして塗布し、偏光顕微鏡で観察する方法である。光を利用する故障解析法の中ではOBICとともに最も古くから使われている。発熱箇所の上の液晶が液体に相転移することで偏光特性を示さなくなる様子が、偏光顕微鏡下でのコントラストとして明確に観察できる。LSIチップの多層配線化が進みこの方法の使用頻度は減ってきている。

次にあげた**LVP**(Laser Voltage Probing)法はFranz-Keldysh効果と呼ばれる電気光学効果を用いた方法で、p-n接合部での光吸収の電界依存性を利用す

る。数十ps幅の1.06μm波長のパルスレーザをデバイスの動作に同期してチップ裏面から照射し、その反射を検出することでデバイスの動作信号に対応した波形を得ることができる。

3つ目にあげた**LVI**(Laser Voltage Imaging)法は、最近実用化されつつある方法である。LVPが1.06μm波長のパルスレーザを用いるのに対して、LVIでは1.06μm波長だけでなく1.3μm波長のCW(coutinuous wave、連続発振波)レーザも用いる。LVIでは同じ技術でLVPも実現している。CW-LVI/LVPの詳細は2.5.1項(4)(図2.59)で紹介した。

4つ目にあげた**3次元アトムプローブ(3D-AP)**ではレーザは主体ではないが、3D-APの金属以外の材料への応用においてレーザが重要な役目を果たしているので取り上げた。3D-APの詳細は4.3.2項で紹介する。

無系統の最後にあげた**ロックイン利用発熱解析**技術は、2.4.3項で紹介した。パッケージの状態でも解析できるということで2.4.3項で紹介したが、次の4.1.5項で紹介する固浸レンズを利用することで空間分解能が1μm程度まで実現できるため、チップ内の故障箇所絞り込みにも用いることができそうである。

4.1.5　共通基盤技術

表4.1の最後の分類は、光利用手法で共通に利用できる基盤技術である。

レーザ走査顕微鏡はOBIC法、OBIRCH法、L-SQUID法などに共通の基盤となる手法であり、最近ではエミッション顕微鏡においてもレーザ走査顕微鏡をベースにしたシステムが普及してきている。

固浸レンズは、Siの屈折率が大きいことを巧みに利用し、大きな**NA**(Numerical Aperture、**開口数**)を得ることができ、Si基板の裏側からの観測で0.2μm以下の空間分解能が得られる技術である。OBIC法、エミッション顕微鏡法、OBIRCH法、L-SQUID法、LTEM法などに共通して利用可能な技術である。

図4.5に固浸レンズの構成と仕組みの概略を示す。図4.5(a)は固浸レンズがない場合の構成、図4.5(b)が固浸レンズを使用した場合の構成である。ともにチップの裏側からレーザを入射している。固浸レンズの説明に入る前に**空間**

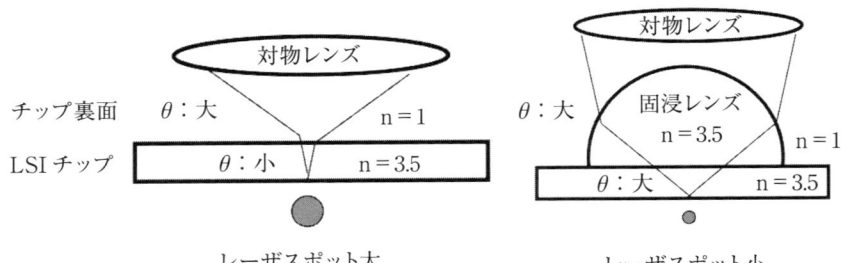

```
        対物レンズ                          対物レンズ
チップ裏面  θ：大      n = 1        θ：大    固浸レンズ
                                           n = 3.5    n = 1
LSIチップ │ θ：小    n = 3.5 │          │ θ：大    n = 3.5 │

     レーザスポット大                    レーザスポット小
 (a) 固浸レンズがない場合の構成    (b) 固浸レンズを使用した場合の
                                          構成
```

図 4.5　固浸レンズの構成と仕組み

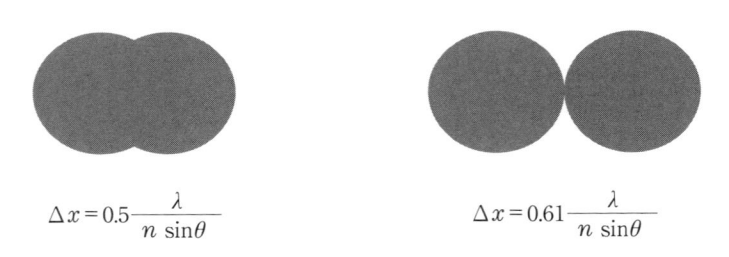

$$\Delta x = 0.5 \frac{\lambda}{n \sin\theta} \qquad \Delta x = 0.61 \frac{\lambda}{n \sin\theta}$$

(a) Sparrow の定義：かろうじて分解　　(b) Rayleigh の定義：完全に分解

図 4.6　空間分解能の 2 種類の定義

分解能の定義を説明しておく。

図 4.6 は空間分解能の 2 種類の定義である。図 4.6(a) に示すのは 2 点がかろうじて分解できている場合で **Sparrow の定義**、図 4.6(b) に示すのは 2 点がほぼ完全に分解できている場合で **Rayleigh の定義**と呼ばれている。ここで、Δx は**空間分解能**、λ は波長、n は**屈折率**(Si は 3.5、空気は 1)、θ は入射光の**開き半角**である。ここでは Sparrow の定義を用いる。

図 4.5 に戻って、固浸レンズの効果の説明を行う。図 4.5(a) の固浸レンズがない場合にはレンズからの開き角が大きくても空気中から Si 中に入る際に屈折がおき、Si チップ中では開き角が小さくなる。このため n は 3.5 と大きいが $\sin\theta$ が小さいため分解能はよくならず、空気中で観測するときと同じである。一方 (b) の固浸レンズがある場合は、開き角が大きいまま集光できる。このた

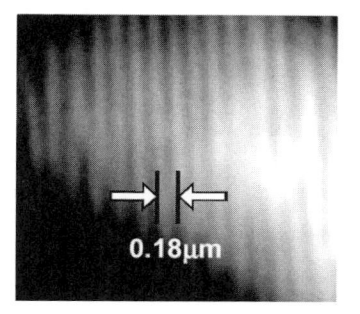

(a) 固浸レンズを用いて 1.3 μm 波長のレーザで観察
(b) 同様の箇所を SEM 観察

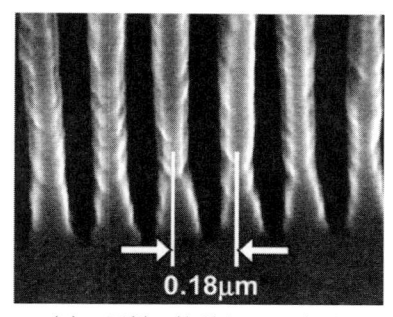

(出典) Koyama et al., *IRPS*, IEEE (2003)

図 4.7　固浸レンズでの理論的分解能を達成

め Si の屈折率 3.5 の値と大きい開き角の値が両方生かせ、空間分解能は向上する。

Si 基板の裏側を加工し、理論的分解能が得られることを確認した実験の結果を図 4.7 に示す。図 4.7(a) は固浸レンズを利用して 1.3 μm の波長のレーザで観察した結果、図 4.7(b) は同様の箇所を SEM で観察した結果である。固浸レンズを用いることで、line/space (ライン・アンド・スペース) = 0.9 μm/0.9 μ が分解できている。ちなみに、Sparrow の定義式を用い、波長 1.3 μm、屈折率 3.50、$\sin\theta = 1$ を入れると 0.19 μm が得られる。

4.2　OBIRCH 関連手法発展の流れと最近の動向

光を利用した故障解析手法の流れをさらに具体的にみるために、筆者が最も密接に関わってきた手法である OBIRCH 法に関して、従来の発展系統をより詳細にみるとともに今後の発展方向も眺める。

表 4.2 は OBIRCH 法の発展経緯を対象・用途、技術的改良、派生、微細化対応という系統に分けてまとめたものである。この順に述べるが、相互の関連があるので、一部前後することはある。

表 4.2 OBIRCH 技術発展の流れ

年	1993	1995	2000	2005	2011
対象・用途から見て	配線系 TEG の欠陥検出				
	配線系 TEG の欠陥経路観測				
		LSI チップ上配線系の欠陥検出			
		LSI チップ上の電流経路観測			
			I_{DDQ} 異常品の観測		
			ファンクション不良品観測		
主に技術的改良面から見て		定電圧・電流変化計測			
			1.3 μm の波長利用：IR-OBIRCH		
			LSI テスタとのリンク		
	低温観測				
	感度向上				
		定電流・電圧変化計測			
		レーザ変調・ロックインアンプ利用			
		熱電効果利用			
		ショットキー効果利用			
OBIRCH の派生法		近接場光学プローブ利用：OBIRCH&OBIC			
		トランジスタ・回路の温特利用			
	動的解析（LSI テスタ合否表示）				
			RIL/SDL		
微細化対応			近接場光学プローブ利用：サブ 100nm		
			配線間隔拡大 TEG		
			固浸レンズ		

■ 2011 年現在普及済み　　□ 2011 年現在開発段階または未普及

4.2.1 対象・応用面からみた OBIRCH の系統

表4.2の最初の分類は対象や応用面からみた OBIRCH の系統である。1993年に、筆者が OBIRCH を最初に提案した段階で、すでに電流経路の可視化と欠陥の可視化は実現できていたが、可視光を利用していたため配線 TEG にしか応用できなかった。1996年に、1.3μm の波長を採用した **IR-OBIRCH** へと改良することで、OBIC 非発生とチップ裏面観測が同時に実現でき、製品としての LSI への適用が可能となった。I_{DDQ} 異常品を **LSI テスタとリンク**し観測できることでさらに用途が広がり、その後、**機能（ファンクション）不良**品の多くは IDDQ 異常を示すことから、機能不良の解析にも有効であることが確認された。

4.2.2 技術的改良面からみた OBIRCH の系統

表4.2の2つ目の分類に示すとおり、1993年時点の OBIRCH 法は抵抗変化を検知するのに、定電圧源で電流を供給し、電流変化を検知していた。その後、1997年に、定電流源で電流を供給し電圧変化を検知すると、場合によっては感度向上が計れることを筆者が示した。この事実は、1998年に米国でも確認された。米国では、この方法を TIVA(Thermally Induced Voltage Alteration)と呼ぶことが多いが、もちろん、これは後発であるため正当性がない。

感度向上策としては、この他に低温化、レーザ変調法が報告されている。サンプルを低温にすることで、配線の抵抗は下がるが、配線抵抗の温度依存性はあまり変わらない、このため抵抗の変化率は上がり、感度が向上する。レーザに強度変調をかけ、その変調周波数の信号のみをロックインアンプで取り出すことで、S/N が向上する。この方法は S/N を向上させる以外のメリットがある。位相を詳細に観測することで、配線のどの層を観測しているかの情報も得られる。この仕組みは、2.4.3項のロックイン利用発熱解析で紹介したもの（図2.14(c)）と同様の方法である。いずれも、まだ実用化の段階には達していない。

4.2.3　OBIRCHの派生法の系統

表4.2の3つ目の分類に示すとおり、5つの派生法が提案されている。熱電効果利用、RIL/SDLについては前述した。それ以外に、Schottky（ショットキー）効果利用法、近接場光学プローブ利用（NF-OBIRCH、NereField Optical proBe Induced Resistance Change）法、MOSトランジスタや回路の温度特性利用法、がある。順に述べる。

IR-OBIRCHで用いられている波長 $1.3\,\mu m$ のレーザのエネルギーは、Siのバンドギャップエネルギーより小さく、Siと各種金属の間にできる**Schottky障壁**のエネルギーよりは大きい。したがって、Siチップの裏面側から、Si基板を透過してSchottky障壁の箇所にレーザを照射し、そこで励起されたキャリアをSchottky障壁でできた電界方向にドリフトさせることができる。この効果が、像にコントラストを与える。詳細は第2章の図2.38、図2.39とその説明を参照されたい。

走査プローブ顕微鏡の1つである近接場光学顕微鏡では、ファイバープローブの先端を金属で覆い一部を開口している。その先端の開口径をファイバーに入力する光の波長より小さくすることで大部分の光は開口部から外に出ることはできず、極微弱な近接場光（エバネッセント光）のみが浸みだす。行き場を失った光は熱に変換され開口部付近は高温となる。開口をゼロにすれば加熱のみも可能である。この高温を、レーザビーム加熱の替わりに利用したのが、**NF-OBIRCH**（Near Field probe OBIRCH）である。構成は第3章の図3.9を参照されたい。図4.8に示すとおり、50nm程度の分解能が得られている。浸み出した光（近接場光）により高分解能のOBICとしても使える。

OBIRCH法は、元々レーザで配線部を加熱した際の効果を利用するものであるが、トランジスタ部も加熱される。トランジスタそのものの温度特性や回路の温度特性の効果を利用することで、有効に解析できる場合もあることが報告されている。第2章図2.40で一例を示してある。

4.2.4　微細化対応

光を用いて今後の微細化の進行にどこまで対処できるか、という観点からの試みがいくつかなされている。表4.2最下段にこのような試みの系統を示す。

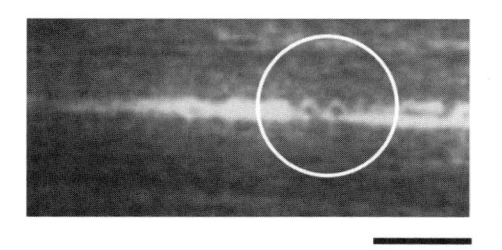

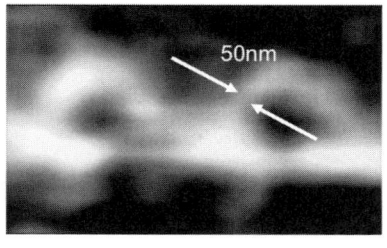

(a)　NF-OBIRCH像(低倍率)　　(b)　NF-OBIRCH像(高倍率)：(a)の○で囲った箇所を拡大して観測

(出典) K. Nikawa et al., Appl. Phys. Lett. Vol.74, no.7, pp.1048-1050 (1999).

図4.8　NF-OBIRCH観測では50nm程度の分解能が得られた

　まず、配線TEGを対象とした場合、配線幅が微細化されても、**配線間隔**さえ広く設計しておけば、感度さえあればOBIRCH法は有効に働き、空間分解能と最小配線寸法の乖離は問題とならないことが2つの応用系統(プロセス評価と信頼性評価)から示されている。配線プロセス評価の際、TEG設計時に配線間隔を広くしておけば、配線幅0.1μmの配線の微小ボイド(0.05μm以下)の検出も可能であることが示されている(図2.30はその一例である)。信頼性評価の立場からは、配線のエレクトロマイグレーション評価の際、単独配線の場合には空間分解能は問題とならず、エレクトロマイグレーションで生じたボイドが検出できる(図3.10はその一例である)。直並列配線の場合でも、配線間隔を広くとることで断線により電流が流れない配線を、感度的に余裕をもって、識別できることが示されている(図3.11はその一例である)。

　NF-OBIRCHに関しては前述のとおり、50nmの**空間分解能**が示されている。
　固浸レンズを利用したOBIRCHに関してもデータがでている。ただ、配線系を観測する際にはSi以外の絶縁膜を間に挟んだ観測となるため、特別な場合を除いては前述のような0.2μm程度の高分解能は期待できない。

　以上の微細化対応の試みを、**国際半導体技術ロードマップ(ITRS**2009)に記された最小寸法とともに、図4.9に示す。MPU/ASIC　M1の**ハーフピッチ**を基準に考える。固浸レンズは2011年現在、すでに限界に達している。NF-

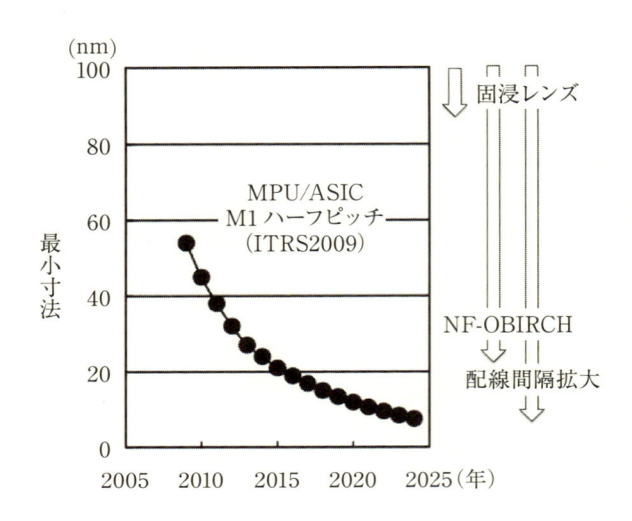

図 4.9　光利用技術での微細化対応手段とロードマップ

OBIRCH は 2015 年頃までは使えそうである。配線間隔拡大法は感度がでるかぎりいつまでも使える。

4.3　その他の故障解析技術関連の開発動向

4.3.1　TEM/STEM 用球面収差補正

　TEM や STEM では電子の波長からくる限界の分解能は得られていない。その原因の1つは、球面収差である。通常の光の光学系では、凹レンズを使用することで球面収差をなくしているが、電子に対して凹レンズの働きをするものは、従来は実用化されていなかった。最近、凹レンズと同等の働きをする**球面収差補正器（Cs collector）**が実用化され、故障解析においても利用されはじめたので紹介する。

　図 4.10 に、球面収差補正の仕組みを示す。図 4.10(a) の補正がない場合は、対物レンズの外側からのビームはボケの原因となるため絞りでカットする必要があった。このため、プローブ電流が小さかった。また、絞りで外側のビームをカットしても収差を十分取りきることはできず、電子波の波長の制限からくる分解能より、はるかに劣る分解能しか得られなかった。一方、図 4.10(b) の

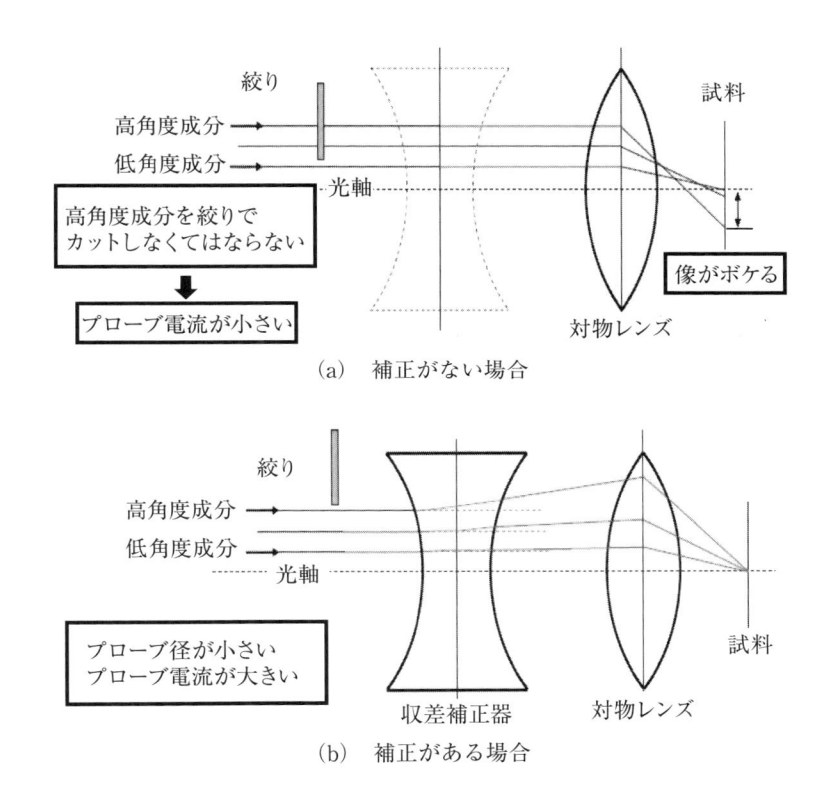

第4章 新しい故障解析関連手法の開発動向

(a) 補正がない場合

(b) 補正がある場合

(提供) ㈱ルネサステクノロジー 朝山匡一郎氏

図 4.10 球面収差補正の仕組み

補正がある場合は、凹レンズに相当する収差補正器の効果で、対物レンズの外周からのビームも一点に集光させることができ、絞りによるビームのカットが不要となり大きなプローブ電流が得られる。さらに収差がないためプローブ径も小さくできる。

図 4.11 に収差補正による像質の向上効果を示す。図 4.11(a) の収差補正なしの像と図 4.11(b) の収差補正ありの像を見比べると、明らかに図 4.11(b) の収差補正ありの方が、像質が良いことがわかる。また、下の回折パターンを見ても図 4.11(b) の方が多くの輝点が見えている。

図 4.12 には、収差補正により分析感度が向上した様子を示す。Au-Cu 合金

(a) 収差補正なしの像   (b) 収差補正ありの像

（提供）㈱ルネサステクノロジー　朝山匡一郎氏

図 4.11　収差補正による像質の向上効果

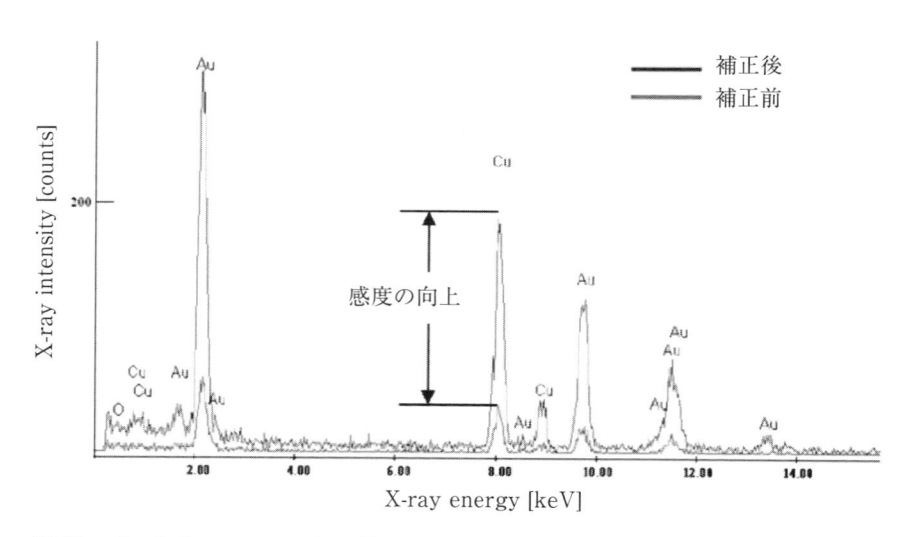

（提供）㈱ルネサステクノロジー　朝山匡一郎氏

図 4.12　収差補正により分析感度が向上

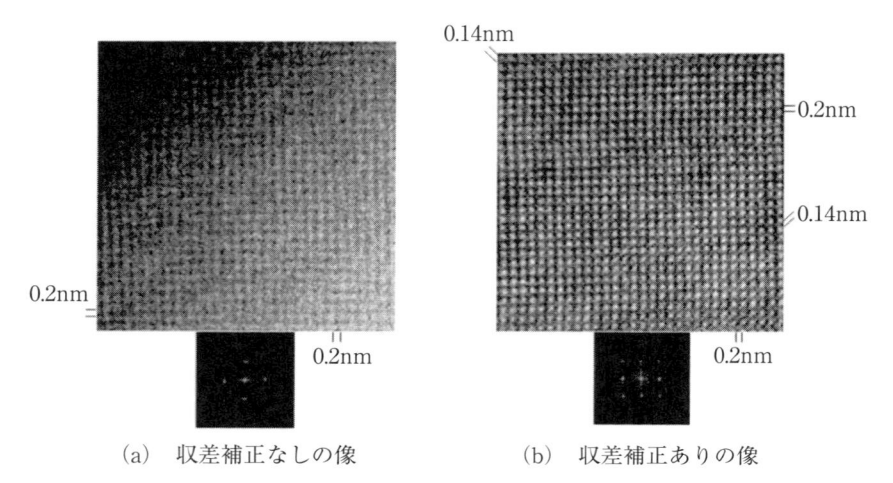

第 4 章　新しい故障解析関連手法の開発動向

をEDX分析した結果、補正をすることで5倍程度ピーク強度が増していることがわかる。これにより短時間での分析が可能になる。

4.3.2　3次元アトムプローブ（3D-AP）

元素分析手法として、今までにない手法である3次元アトムプローブ（3D-AP、three dimensional atom probe）が、実用化されている。ただ、故障解析（本書での定義の範囲での）に利用するには、狙った箇所を失敗なく分析するという点でのハードルが高く、まだ実用化の域には達していない。

3次元アトムプローブの構成の概念図を故障解析に応用することを前提に示したのが、図4.13である。サンプルは先端径が100nm程度以下に尖らす必要がある。実際にFIBを用いてサンプルを作製したのが、図4.14である。サンプルには超高真空中で静電界をかける。さらにパルス電界をかけることで、サンプルの先端から原子が少しずつ電界蒸発する。位置検出型（敏感型）検出器に到達するまでの時間を計測する（TOF、Time Of Flight）。このような方式をとることで、どこからどのような原子やクラスターが出てきたかが計測できる。データを取り込んだ後、コンピュータで原子の3次元構造を再構築すること

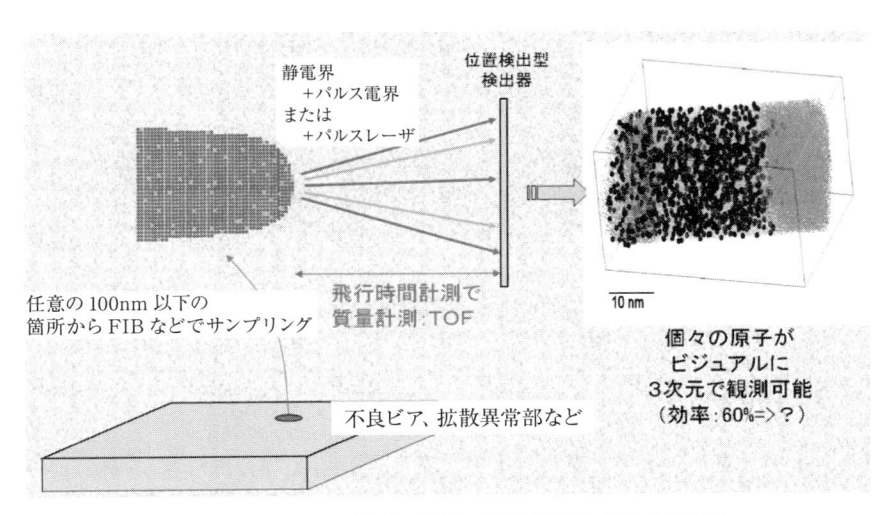

図 4.13　3D-AP の構成の概念：故障解析に応用する場合

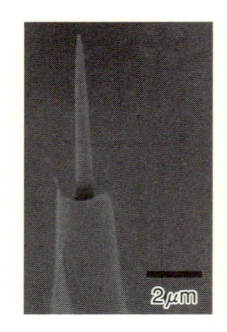

(提供) エスアイアイ・ナノテクノロジー㈱　中谷郁子氏、皆藤隆氏
図 4.14　FIB を用いてサンプルを作製した例

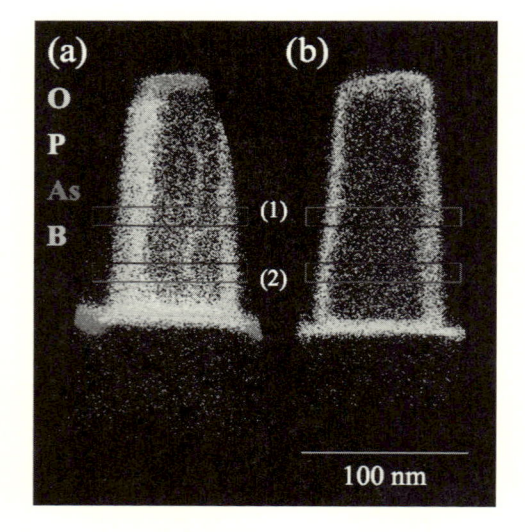

(出典) ©LSI テスティング学会、高見澤悠他、「3 次元アトムプローブによる MOS トランジスタ中のドーパント分布解析」、LSITS2009、p.372、図 2
図 4.15　3 次元原子マップの例：(a) nMOS、(b) pMOS
(口絵カラー参照)

で、3 次元の原子イメージが得られる。3 次元アトムプローブは、金属の評価において、最初に実用化された。その後、金属だけでなく、半導体や絶縁体も含んだ複合材料である LSI への応用も多く試みられている。半導体や絶縁体

への応用には、パルス電界の代わりにパルスレーザを用いる試みがなされている。図 4.15 に、パルスレーザを用いて、MOS トランジスタ中のドーパント分布を解析した例を示す(口絵カラー参照)。本書執筆時点では、まだ故障解析に適用した事例の報告はごく少ないが、実用化は近いと考える。

参考文献

引用データはすべて図表のキャプションの前に出典を記載したため、ここでは省略。

【第1章の参考文献など】
- ITRS 2009：International Technology Roadmap for Semiconductors 2009 Edition
  http://www.itrs.net/Links/2009ITRS/Home2009.htm
- JEITA（電子情報技術産業協会）STRJ（半導体技術ロードマップ専門委員会）
  http://strj-jeita.elisasp.net/strj/
- 二川清 編著、『LSIの信頼性』、日科技連出版社、2010年．

【第2章～第4章の参考文献など】
（故障解析関連の会議）
- LSITS：LSIテスティングシンポジウム
  http://www-lsits.ise.eng.osaka-u.ac.jp/
- ISTFA：International Symposium for Testing and Failure Analysis
  http://www.asminternational.org/content/Events/istfa/
- ESREF：European Symposium Reliability on Electron Devices, Failure Physics and Analysis
  http://www.esref.org/
- IPFA:International Symposium on the Physical and Failure Analysis of Integrated Circuits
  http://ewh.ieee.org/reg/10/ipfa
- IRPS：International Reliability Physics Symposium
  http://www.irps.org/
- 信頼性・保全性シンポジウム
  http://www.juse.or.jp/reliability/63/

（故障解析関連の学会）
- LSIテスティング学会
  http://www-lsits.ist.osaka-u.ac.jp/
- 日本信頼性学会
  http://reaj.i-juse.co.jp/
- EDFAS：Electronic Device Failure Analysis Society（ASM International）
  http://edfas.asminternational.org/portal/site/edfas/MyEDFAS/Home/
- 応用物理学会
  http://www.jsap.or.jp/index.html

・電子情報通信学会
　http://www.ieice.org/jpn/index.html

（故障解析全般の参考文献）
　二川清、山悟、吉田徹、『デバイス・部品の故障解析』、日科技連出版社、1992年．
　二川清、『はじめてのデバイス評価技術』、工業調査会、2000年．
　二川清、『LSI故障解析技術のすべて』、工業調査会、2007年．（絶版、本書の旧版）
　二川清、『故障解析技術』、日科技連出版社、2008年．
　LSIテスティング学会編、『LSIテスティングハンドブック』、オーム社、2008年．

（LSI全般の参考文献など）
　菅野卓雄、川西剛 監修、『半導体大事典』、工業調査会、1999年．
　ITRS：The International Technology Roadmap for Semiconductors
　http://public.itrs.net/

（手法・技術別参考文献）
　各手法・技術の初出の根拠となる文献と、本書で内容を紹介した事項の参考文献を記した。なお、初出に関して見落としがある場合は、出版社経由で二川にご連絡ください。
　よく出てくる雑誌、会議、学会などの略称は以下のとおり。
・APL：Applied Physics Letters
・IRPS：Int'l Reliability Physics Symposium, IEEE, USA
・ISTFA：Int'l Symposium Testing and Failure Analysis, ASM International, USA
・ITC：International Test Conference, IEEE, USA
・LSITS：LSIテスティングシンポジウム
・REAJ：日本信頼性学会

(SCOBIC)
J. M. Chin, J. C. H. Phang, D. S. H. Chan, C. E. Soh and G. Gilfeather, *IRPS*(2000).

(L-SQ)
二川清、井上彰二、『走査レーザSQUID顕微鏡の試作・評価と故障・不良解析および工程モニタへの応用提案』、*LSITS*、pp.203-208、2000年．
K. Nikawa, "Laser-SQUID microscopy as a novel tool for inspection, monitoring

and analysis of LSI-chip-defects", *IEICE Trans. Electron.*, E85-C, no.3, pp.746-751(2002).
二川清、酒井哲哉、『不良作り込みＩＣチップを用いた走査レーザSQUID顕微鏡での故障箇所絞り込み可能性の検討』、第17回秋季信頼性シンポジウム、REAJ、pp.51-54、2004年.

（無バイアスLTEM）
山下将嗣、川瀬晃道、大谷知行、二川清、斗内政吉、「レーザーテラヘルツエミッション顕微鏡によるMOSトランジスタの非接触評価」、*LSITS*、pp.347-351、2004年.
M. Yamashita, C. Otani, K. Kawase, K. Nikawa, M. Tonouchi, "Noncontact inspection technique for electrical failures in semiconductor devices using a laser terahertz emission", *APL*, vol. 93, 041117(2008).

（LADA）
J. A. Rowlette and T. M. Eiles, "Critical Timing Analysis in Microprocessors Using Near-IR Laser Assisted Device Alteration", *ITC*, pp.264-273(2003).

（赤外光高感度検出：MCT）
D. L. Barton, et al., "Infrared Light Emission From Semiconductor Devices", *ISTFA*, pp.9-17(1996).

（時間分解エミッション顕微鏡）
J. A. Kash, Tsang, J. C., "Dynamic internal testing of CMOS circuits using hot luminescence", *Electron Device Letters*, IEEE, Vol.18, no.7, pp.330-332(1997).

（OBIRCH）
K. Nikawa and S. Tozaki, "Novel OBIC observation method for detecting defects in Al stripes under current stressing", *ISTFA*, pp.303-310(1993).

（熱電効果利用）
T. Koyama et al., "New non-bias optical beam induced current(NB-OBIC) technique for evaluation of Al interconnects", *IRPS*, pp.228-233(1995).

（IR-OBIRCH）
K. Nikawa and S. Inoue, "New Laser Beam Neating Methods Applicable to Fault Localization and Defect Detection in VLSI Devices", *IRPS*, pp.346-354(1996).

(RIL/SDL)
E. Cole. P. Tangyunyong, C. Hawkins, M. Bruce, V. Bruce, R. Ring, W. Chong. "Resistive Interconnect Localization", *ISTFA* pp. 43-50 (2001).
M. Bruce, V. Bruce, D. Eppes, J. Wilcox, E. Cole, P.Tangyunyong, C. Hawkins, "Soft Defect Localization (SDL) on ICs". *ISTFA*, pp.21-27 (2002).

(固浸レンズ)
S. B. Ippolito, B. B. Goldberg, and M. S. Unlu, "High Spatial Resolution Subsurface Microscopy," *APL*, 78, p.4071 (2001).
Koyama, T., et al., *IRPS*, pp.529-535 (2003).

(RCI)
C. A. Smith et al., "Resistive Contrast Imaging: A New SEM Mode for Failure Analysis", *IEEE Transactionson Electron Devices*, ED-33, No. 2, pp.282-285 (1986)

(FIB)
K. Nikawa et al., "New Applications of Focused Ion Beam Technique to Failure Analysis and Process Monitoring of VLSI", *IRPS*, IEEE, pp.43-52 (1989).

(OBIRCH 関連の初出など)

(配線系 TEG の欠陥検出・電流経路観測)
K. Nikawa and S. Tozaki, "Novel OBIC observation method for detecting defects in Al stripes under current stressing", *ISTFA*, pp.303-310 (1993).

(LSI チップ上配線系の欠陥検出・電流経路観測)
K. Nikawa and S. Inoue, "New Laser Beam Neating Methods Applicable to Fault Localization and Defect Detection in VLSI Devices", *IRPS*, pp.346-354 (1996).

(IDDQ 異常品の観測)
森本和幸 他、 *LSITS*、pp.223-228 (1999).

(ファンクション不良品の観測)
森本和幸 他、*LSITS*、pp.191-196 (2000).

（定電圧・電流変化計測）
K. Nikawa and S. Tozaki, "Novel OBIC observation method for detecting defects in Al stripes under current stressing", *ISTFA*, pp.303-310（1993）.

（1.3μm の波長利用：IR-OBIRCH）
K. Nikawa and S. Inoue, "New Laser Beam Neating Methods Applicable to Fault Localization and Defect Detection in VLSI Devices," *IRPS*, pp.346-354（1996）.

（LSI テスタとのリンク）
森本和幸 他、*LSITS*、大阪、pp.223-228（1999）.

（低温観測）
N. Kawamura et al., *IEICE Trans. Electron*. E77-C, p.579（1994）.

（定電流・電圧変化計測）
K. Nikawa and S. Inoue, *Asian Test Symp.*, IEEE, Akita, Japan, pp.214-219（1997）.

（レーザ変調・ロックインアンプ利用）
二川清 他、『SNOM 用プローブを用いた OBIRCH および OBIC 効果』、*LSITS*、pp.185-190（1997）.
K. Nikawa et al., "Imaging of current paths and defects in Al and TiSi interconnects on very-large-scale integrated-circuit chips using near-field optical-probe stimulation and resulting resistance change", *APL*, vo.74, no.7, pp.1048-1050（1999）.

（DUT 直近プリアンプ利用）
名村高 他、*LSITS*、pp.193-197（2001）.

（ショットキー効果利用）
K. Nikawa and S. Inoue, *ISTFA*, pp.387-392（1996）.

（近接場光学プローブ利用：OBIRCH&OBIC、サブ 100nm）
二川清 他、『SNOM 用プローブを用いた OBIRCH および OBIC 効果』、*LSITS*、pp.185-190（1997）.
K. Nikawa et al., "Imaging of current paths and defects in Al and TiSi interconnects

on very-large-scale integrated-circuit chips using near-field optical-probe stimulation and resulting resistance change", *APL*, vo.74, no.7, pp.1048-1050(1999).

(配線間隔拡大 TEG)
S. Yokogawa et al., *Microelectronics Reliability* 41, pp. 1409-1416(2001).
横川慎二、日本信頼性学会誌、Vol.25, No.8, pp.811-820（2003）.
田上政由 他、*LSITS*、大阪、pp.269-274（2002）.

(MOSFET・回路の温特利用)
嶋瀬朗 他、*LSITS*, pp.199-204（2001）.

(OBIRCH 関連の参考文献：筆頭著者別)
Cole, E. I. et al., *IRPS.*, IEEE, USA, pp.129-136(1998).
Cole, E. I. Special Symposium on Lasers & Electro-Optics in Semiconductor Testing, *LEOS 2003 Annual Meeting*, IEEE(2003).
Kawamura, N. et al., IEICE Trans. Electron. E77-C, p.579(1994).
Koyama, T. et al., *IRPS*, IEEE, USA, pp.228-233(1995).
Koyama, T. et al., *IRPS*, IEEE, USA, pp.529-535(2003).
森本和幸 他、*LSITS*、大阪、pp.223-228(1999).
森本和幸 他、*LSITS*、大阪、pp.191-196(2000).
名村高 他、*LSITS*、大阪、pp.193-197(2001).
二川清、特願平 5-85817(1993.4.13)、特許 2765427(1998.4.3)　他
Nikawa, K. and Tozaki, S., *ISTFA*, LA, USA, pp.303-310(1993).
Nikawa, K. et al. , *ISTFA*, USA, pp.11-16(1994).
Nikawa, K. et al., *Jpn. J. Appl. Phys.* vol.34, part 1, no.5A, pp.2260-2265(1995a).
Nikawa, K. et al., *ESREF*, pp.307-312(1995b).
Nikawa, K. and Inoue, S., *IRPS*, IEEE, Dallas, USA, pp.346-354(1996a).
Nikawa, K. and Inoue, S., *ISTFA*, USA, pp.387-392(1996b).
Nikawa, K. and Inoue, S., *Asian Test Symp.*, IEEE, Akita, Japan, pp.214-219(1997).
二川清 他、 *LSITS*、大阪、pp.181-186(1998).
Nikawa, K. et al., *APL*, vol.74, no.7, pp.1048-1050(1999).
二川清、「はじめてのデバイス評価技術」、工業調査会、pp.201-210(2000).
二川清 他、REAJ 第 16 回信頼性シンポジウム、REAJ 誌、日本信頼性学会、vol.25, no.8、pp.853-856(2003).
嶋瀬朗 他、 *LSITS*、大阪、pp.199-204(2001).

田上政由 他、*LSITS*、大阪、pp.269-274（2002）.
Wen Q., and Clarke, D. R., *APL*, vol.72, no.15, pp.1920-1922（1998）.
Yokogawa, S. et al., *Microelectronics Reliability* 41, pp.1409-1416（2001）.
横川慎二 他、RCJ 信頼性シンポジウム、東京、pp.51-58（2002）.

（電子ビーム関連の参考文献）
電子ビームテスティングハンドブック（昭和 62 年 5 月）

（電子ビーム・イオンビーム関連の参考文献）
日本学術振興会第 132 委員会 編、『電子イオンビームハンドブック（第 3 版）』、日刊工業新聞社、1998 年.

付表　略語一覧

略語	フルスペル	対応日本語、読み方など
3D-AP	three-dimensional Atome Probe	3次元アトムプローブ
AES	Auger Electron Spectroscopy	オージェ電子分光
AEM	Analytical Electron Microscopy	分析電顕
AFM	Atomic Force Microscope	原子間力顕微鏡
ASIC	Application Specific Integrated Circuit	エイシック
BGA	Ball Grid Array	ビージーエー
CCD	Charge Coupled Device	電荷結合素子
CD	Critical Dimension	最小(限界)寸法
CL	Cathode Luminescence Spectroscopy	カソードルミネッセンス分光
Cs corrector	Spherical-aberration corrector	球面収差補正装置
CT	Computed Tomography	コンピュータ断層撮影
DRAM	Dynamic Random Access Memory	ディーラム
EBAC	Electron Beam Absorbed Current	電子ビーム吸収電流
EBIC	Electron Beam Induced Current	電子ビーム誘起電流、イービック
EBT	Electron Beam Tester	電子ビーム(EB)テスタ
EBSP または EBSD	Electron Back Scattering Diffraction Patterns	後方散乱電子回折像
EDX または EDS	Energy Dispersive X-ray Spectrometry	エネルギー分散型X線分光法、イーディーエックス、イーディーエス
EELS	Electron Energy Loss Spectroscopy	電子線エネルギー損失分光法、イールス
EM	Electromigration	エレクトロマイグレーション、イーエム
EOS	Electrical Overstress	過電圧・過電流ストレス、イーオーエス
EPMA	Electron Probe Microanalysis	XMAともいう。
ESD	Electrostatic Discharge	静電気放電、イーエスディ
FIB	Focused Ion Beam	集束イオンビーム、エフアイビー、フィブ
FIT	Failure Unit	故障率の単位：10^{-9}/時間、フィット
F-N	Fowler-Nordheim	
FTIR	Fourier Transform Infrared Spectroscopy	フーリエ変換赤外分光法、エフティーアイアール
HAADF-STEM	High-Angle Annular Dark-Field Scanning TEM	ハーディフ・ステム
IC	Integrated Circuit	集積回路、アイシー
I_{DDQ}	Quiescent I_{DD}	準静的電源電流、アイディーディーキュー
IR-OBIRCH	Infrared OBIRCH	赤外利用OBIRCH、アイアールオバーク

付表　略語一覧

略語	フルスペル	対応日本語、読み方など
LADA	Laser Assisted Device Alteration	ラーダ
LOC	Lead On Chip	エルオーシー
LSM	Laser Scanning Microscope	レーザー走査顕微鏡
L-SQUID または L-SQ	scanning Laser-SQUID microscope	走査レーザSQUID顕微鏡、レーザースクィド
LTEM	Laser Terahertz Emission Microscope	レーザテラヘルツ放射顕微鏡、エルテム
LVI	Laser Voltage Imaging	レーザー利用電圧像観測エルヴィアイ
LVP	Laser Voltage Probing	レーザー利用電圧波形観測エルヴィビー
M1	Metal 1	第1層目配線、エムワン
MCT	Mercury Cadmium Telluride	水銀カドミウムテルル
MEMS	Micro Electro Mechanical Systems	メムス
MPU	Micro Processing Unit	マイクロプロセッサー、エムピーユー
MTTF	Mean Time To Failure	平均寿命、エムティーティーエフ
NA	Numerical Aperture	開口数
NBTI	Negative-Bias Temperature Instability	エヌビーティーアイ
NF-OBIRCH	NereField Optical proBe Induced Resistance CHange	近接場光学プローブ利用OBIRCH
OBIC	Optical Beam Induced Current	光誘起電流、オービック
OBIRCH	Optical Beam Induced Resistance CHange	オバーク、光ビーム加熱抵抗変動検出法
PEM	Photo Emission Microscope	(光)エミッション顕微鏡
PICA	Picosecond Imaging Circuit Analysis	パイカ
PIND	Particle Impact Noise Detection	ピンド
PKG	Package	パッケージ
RCI	Resistive Contrast Imaging	抵抗性コントラスト像（EBACに基づく）
RIE	Reactive Ion Etching	反応性イオンエッチ
RIL	Resistive Interconnection Localization	リル。日本ではSDLに含めて呼ばれることも多い。
SCM	Scanning Capacitance Microscope	走査容量顕微鏡、エスシーエム
SCOBIC	Single Contact OBIC	単一コンタクトOBIC、スコービック
SDL	Soft Defect Localization	エスディーエル
SEM	Scanning Electron Microscope	走査電子顕微鏡、セム
SIM	Scanning Ion Microscope	走査イオン顕微鏡、シム
SIMS	Secondary Ion Mass Spectroscopy	2次イオン質量分析法、シムス
SiP	System in Package	シップ、エスアイピー

略語	フルスペル	対応日本語、読み方など
SIV	Stress Induced Voiding	エスアイヴイ
SM	Stress-migration	ストレスマイグレーション、エスエム
S/N	Signal to Noise ratio	信号対ノイズ比
SOC	System on Chip	エスオーシー
SPM	Scanning Probe Microscope	走査プローブ顕微鏡、エスピーエム
SQUID	Superconducting Quantum Interference Device	超伝導量子干渉素子、スクゥイド
STEM	Scanning TEM	走査型透過電子顕微鏡、ステム
T	tesla	テスラ
t_{50}	Median Life	メディアン寿命、ティーフィフティ、ティー五十
TCR	Temperature Coefficient of Resistance	抵抗の温度係数、ティーシーアール
TDDB	Time Dependent Dielectric Breakdown	時間依存絶縁破壊、ティーディーディービー
TDR	Time Domain Reflectometry	ティーディーアール
TEG	Test Element Group	試験専用構造、テグ
TEM	Transmission Electron Microscope	透過電子顕微鏡、テム
TIVA	Thermally Induced Voltage Alteration	正しくは、定電流 IR-OBIRCH
TOF	Time Of Flight	飛行時間（計測による質量分析）
TREM	Time Resolved Emission Microscope	時間分解エミッション顕微鏡
VC	Voltage Contrast	電位コントラスト
WDX	Wavelength Dispersive X-ray Spectrometry	波長分散型 X 線分光法
XMA	X-ray Micro Analysis	EPMA ともいう
XPS	X-ray Photoelectron Spectroscopy	X 線光電子分光、エックスピーエス

索　引

【数字】

3D-AP　　167, 176
3次元アトムプローブ　　167, 177
3次元斜めX線CT　　153

【A-Z】

AES　　122
Blackの式　　20
Blech　　22
Continuous Wave　　104
Cs collector　　174
CW　　104
DRAMの故障解析事例　　126
D-STEM　　148
EBAC　　108
EBテスタ　　95
EDX　　119
EELS　　121
Electrical Overstress/
　Electrostatic Discharge　　17
Electromigration　　16
Electron Probe Microanalysis　　119
EM　　16, 17
EMと応力勾配の複合的現象　　22
EMにより発生する応力勾配　　22
EOS/ESD　　17
EPMA　　119
FIB　　19, 111, 138, 149, 177
FIBの基本3機能　　111

FIBの多彩な応用　　111
Focused Ion Beam　　19
HAADF-STEM　　148
I_{DDQ}　　5
I_{DDQ}異常　　131, 135, 166, 171
InGaAs検出器　　164
IR-OBIRCH　　126, 136, 138, 143,
　149, 171
IR-OBIRCH法の基礎　　64
IR-OBIRCH装置とLSIテスタを静的にリ
　ンク　　131, 135
ITRS　　2, 173
JIS Z 8115　　28
LADA　　164
Laser Voltage Imaging　　104
Laser Voltage Probing　　103
LVIの仕組み　　105
LVIの事例　　105
LSIテスタとのリンク方法　　85
LSIテスタとリンク　　171
L-SQUID　　160
LTEM　　162
LVI　　104
LVP　　103, 166
MCT検出器　　164
MIL-STD-883　　28
NBTI　　16
Negative Bias Temperature Instability
　16
NF-OBIRCH　　143, 147, 172, 173

OBIC　　102, 144, 147, 158
OBIRCH　　64, 165, 169, 171
OBIRCH 効果　　147
Optical Beam Induced Current　　102
PBTI　　17
PEM　　164
PICA　　94, 164
Picosecond Imaging Circuit Analysis　　94
Positive Bias Temperature Instability　　17
Rayleigh の定義　　168
RCI　　108
Resistive Interconnection Localization　　87
RIL　　87, 166
Scanning Ion Microscope　　19
Schottky 障壁　　172
SCOBIC　　158
SDL　　87, 138, 166
SEM　　115
SIM　　19
SIV　　22
SM　　16, 22
Soft Defect Localization　　87
Sparrow の定義　　168
SQUID 磁束計　　160
STEM　　117, 149
Stress-migration　　16
TDDB　　16
TEM　　117
Time Dependent Dielectric Breakdown　　16
TiSi　　143
TOF　　177
TRE　　164
WDX　　119
X 線 CT　　57, 152, 153
X 線透視　　57

【あ行】

アレニウスの化学反応論モデル　　20
アレニウスの関係式　　21
アレニウスプロット　　21
暗視野走査 TEM　　148
異常応答　　34, 49, 50
異常応答の利用　　36
異常シグナル　　34, 49, 50
異常シグナルの利用　　36
異常電気信号　　34
異常電流　　34
異常発光　　34
異常発熱　　34
インジウム・ガリウム・ヒ素(InGaAs)検出器　　7
ウィスカ　　19
液晶法　　100, 166
エスアイヴィ　　22
エミッション顕微鏡　　88, 130, 136, 138, 164
エレクトロマイグレーション　　10, 16, 17
応力勾配　　22
オージェ電子の発生原理　　122
オージェ電子分光法　　122

【か行】

外観異常観察　　43
開口数　　167
回路の温度特性効果　　83
加工法　　55
活性化エネルギー　　20
機能不良品　　171
吸収電流利用法　　104, 107
球面収差補正器　　174
空間分解能　　167, 168, 173
屈折率　　168
クリープ現象　　23

索　引

黒いコントラスト　135
経時絶縁破壊　16
形態・構造観察法　53, 54
元素同定　121
高抵抗箇所　149
高抵抗箇所の検出　75, 78
国際半導体技術ロードマップ　2, 173
故障　12
故障解析の手順　42, 43
故障解析の役割と目的　29
故障箇所絞り込み　45
故障状況把握　42
故障診断　138
故障の定義　28
故障発生箇所絞り込み　98, 99
故障モード　13, 32
故障モードの視点による違い　14
故障率　12
固浸レンズ　167, 173
根本原因究明　46

【さ行】

再現試験　44
最高クロック周波数　8
最大トランジスタ数　2
最大パッケージピン数　8
サーマルロックイン法　59
時間分解エミッション顕微鏡　94, 164
システム LSI　128
集束イオンビーム　19
樹脂封止パッケージ　152
寿命データ解析　30
状態分析　121
ショットキー障壁の検出　81
白いコントラスト　131
信頼性設計　10, 12
信頼性ブロック図　10
ストレスマイグレーション　16, 22
ストロボ SEM 法　95

静的な方法　85
静的なリンク　85
走査 SQUID 顕微鏡　61
走査イオン顕微鏡　19
走査型透過電子顕微鏡　117
走査像の具体例　39
走査像の仕組み　37, 38
走査超音波顕微鏡法　58
走査電子顕微鏡　115
走査レーザ SQUID 顕微鏡　160
組成分析法　52
ソフトエラー　17

【た行】

対策　46
対数正規分布　19
多結晶金属の結晶粒（グレイン）微細構造観
　察　114
断面 TEM 像　141
断面出しとその場観察　111
チタンシリサイド　143
チップ裏面からの観測手段　41
チップ裏面側からの解析　5
チップ裏面側からの観測の必要性　39
チップ部の不良や故障の原因　14
チップ露出　44
チャネリングコントラスト　114, 115
超音波探傷法　58
直列系　10
電位コントラスト　95
電位コントラスト法　104, 107
電気的特性測定　44
電気的評価法　47
電子線エネルギー損失分光法　121
電子線回折　118
電位分布差像　98, 99
デンドライト　153
電流　149
電流経路　126

193

電流経路の可視化　69
透過電子顕微鏡　117
動的な観測　8
動的な方法　85
動的なリンク　87
銅配線　148
特性 X 線発生の仕組み　119
トランジスタ・回路の温度特性応答　82

【な行】

ナノプロービング法　104
熱起電力　149
熱起電力効果　78
熱放射　93, 164
熱放射以外の発光　90, 164
熱放射による発光　90, 130
熱膨張係数　22

【は行】

配線間隔　173
配線の最大層数　5
パーセント点　12
パッケージ内部非破壊観測　44
パッケージ部の故障解析　57
パッケージ部の不良・故障の原因　14
発光源　91
発光メカニズム　88, 89
ハーフピッチ　4, 173
針立て用のパッド　138
パワー MOSFET　143
バンド間キャリア再結合発光　93
バンド内発光　91
半破壊絞り込み手法　104
光を利用　158

微細化対応　172
非破壊絞り込み手法　63
表面形状が観察できる仕組み　115
開き半角　168
ヒロック　17
フェムト秒レーザ　162
物理化学解析　46
物理化学解析手法　111
負の TCR　75, 128
プラスチックパッケージ　153
不良　12
不良と故障の違い　12
平均寿命　20
並列系　10
ボイド　17, 152
ボイドや析出物の検出　71
ポップコーン現象　17

【ま行】

前処理　114
無バイアス　162
無バイアス LTEM　162
メディアン寿命　20
面実装デバイス　17

【ら行】

レーザ走査顕微鏡　167
レーザテラヘルツ放射顕微鏡　162
連続発振波　104
ロジック LSI　128
ロックイン(赤外線)サーモグラフィ　59
ロックインアンプ　6
ロックイン利用発熱解析　58, 153, 167

【著者紹介】

二川 清（にかわ きよし）

1949年大阪市生まれ。

大阪大学大学院基礎工学研究科物理系修士課程 修了。工学博士。

1974年－2009年、NEC、NECエレクトロニクスにて半導体の信頼性・故障解析技術の研究開発と実務に従事。その間、日本信頼性学会副会長、理事、評議員など。

現在、大阪大学大学院 特任教授、金沢工業大学大学院 客員教授、芝浦工業大学、東京理科大学 非常勤講師。電子情報技術産業協会・半導体技術ロードマップ委員会・故障解析技術SWGリーダー、日本信頼性学会LSI故障解析研究会主査。

主な著書に、『LSIの信頼性』（編著、日科技連出版社、2010年）、『信頼性問題集』（編著、日科技連出版社、2009年）、『LSIテスティングハンドブック』（編著、オーム社、2008年）、『故障解析技術』（日科技連出版社、2008年）、『LSI故障解析技術のすべて』（工業調査会、2007年）、『はじめてのデバイス評価技術』（工業調査会、2000年）がある。

信頼性技術功労賞（IEEE信頼性部門日本支部）、推奨報文賞、奨励報文賞（日科技連信頼性・保全性シンポジウム）、論文賞（レーザ学会）。

新版 LSI故障解析技術

2011年9月29日　第1刷発行

著　者	二川　清
発行人	田中　健
発行所	株式会社　日科技連出版社
	〒151-0051　東京都渋谷区千駄ヶ谷5-4-2
	電話　出版　03-5379-1244
	営業　03-5379-1238～9
振替口座	東京　00170-1-7309
URL	http://www.juse-p.co.jp/
印刷・製本	河北印刷株式会社

© Kiyoshi Nikawa 2011

Printed in Japan

本書の全部または一部を無断で複写複製〔コピー〕することは、著作権法上での例外を除き、禁じられています。

ISBN978-4-8171-9414-5